高等院校艺术设计类系列教材

居住区景观设计（微课版）

任　卿　荣振霆　赵金山　主　编

张旭冉　胡　兰　陈　洁　张强基　副主编

清華大學出版社

北　京

内容简介

本书系统地介绍了城市居住区环境景观设计的概念、规范、设计要素、设计原则、设计方法和程序，以及新的设计风格、理念等。在介绍理论知识的同时辅以大量的实例分析，以加深读者对本书相关理论和方法的理解。本书内容图文并茂、简练直观，便于读者理解掌握。

为了使读者更直观、具体地理解居住区景观设计的方法与步骤，本书在第五章和第六章专门设置了居住区景观设计的案例和学生作业解析，希望能通过对具体居住区环境景观设计案例的分析，加深读者对居住区景观设计的理解并提高鉴赏能力。本书理论结合实践、注重创新与时效，充分关注近几年居住区规划的实际情况，培养读者关注实际问题与解决问题的能力。

本书适合作为高等院校艺术专业的教材，也可以作为相关从业人员的参考书。

图书在版编目(CIP)数据

居住区景观设计：微课版/任卿，荣振霆，赵金山主编. —北京：清华大学出版社，2024.4（2024.9重印）
高等院校艺术设计类系列教材
ISBN 978-7-302-65891-7

Ⅰ. ①居… Ⅱ. ①任… ②荣… ③赵… Ⅲ. ①居住区—景观设计—高等学校—教材 Ⅳ. ①TU984.12

中国国家版本馆CIP数据核字(2024)第065176号

责任编辑：孟 攀
封面设计：杨玉兰
责任校对：周剑云
责任印制：宋 林
出版发行：清华大学出版社
网　　址：https://www.tup.com.cn, https://www.wqxuetang.com
地　　址：北京清华大学学研大厦A座　　**邮　　编**：100084
社 总 机：010-83470000　　**邮　　购**：010-62786544
投稿与读者服务：010-62776969, c-service@tup.tsinghua.edu.cn
质量反馈：010-62772015, zhiliang@tup.tsinghua.edu.cn
课件下载：https://www.tup.com.cn, 010-62791865
印 装 者：三河市龙大印装有限公司
经　　销：全国新华书店
开　　本：190mm×260mm　　**印　　张**：12　　**字　　数**：292千字
版　　次：2024年4月第1版　　**印　　次**：2024年9月第2次印刷
定　　价：49.80元

产品编号：095028-01

Preface 前言

随着城市现代化进程的加快，居民区的绿化水平也相应地提高，以便更好地满足人们对居住环境的要求。居住环境作为人居环境的一个重要组成部分，与人们生活息息相关，对人类居住环境品质的关怀和重视成为人居环境建设的重大原则之一，居住区担负着向人们提供舒适的居住生活的任务，同时也提供一定的场所，担负一定的社会功能，还具有社会、文化、行为等多种属性，并且是随着时代变化而不断发展的。

居住区景观设计的目的及宗旨始终没有改变，但局部的标准及景观设计方法和设计风格、理念有了新的改变和突破。本书结合中华人民共和国住房和城乡建设部2018年新颁布的GB 50180—2018《城市居住区规划设计标准》，对最新的居住景观设计概念和规范进行了阐述，并从居住区景观设计的任务、原则、方法与步骤入手，详细论述了居住区的功能性场所景观、硬质景观、水景景观、绿化景观和照明景观，同时分析研究了居住区景观设计的发展方向，并结合国内外较为成功的实际案例加以分析说明，以加深读者对本书相关理论和方法的理解。

本书共六章，第一章对居住区及居住区景观进行了概述，第二章、第三章分别介绍了居住区景观规划设计的原则、方法和程序，第四章讲述了各类居住区场地景观及各景观构成元素的设计，第五章对各类不同典型案例进行了分析，第六章对居住景观设计教学中的课程安排及学生作品进行了评析。

在编写中，实例部分内容涉及较广，编者参考了国内外有关著作、论文，敬请谅解，并向原作者深表谢意。限于编者水平，书中难免有疏漏与错误之处，欢迎广大读者批评指正。

编　者

Contents 目录

第一章 概述

学习要点及目标

- 了解居住区景观设计相关概念。
- 了解居住区景观设计相关规范。
- 了解居住区景观的类型。
- 了解居住区景观设计发展历程、现状特点及发展趋势。

微课

城市居住区是城市发展的产物，也是城市建设用地的重要组成部分，是城市居民得以安居乐业的物质保障，因此，它与每个城市居民的生活都息息相关。城市居住区随着城市的产生而产生，居住区的形式由最初的街坊、里弄、邻里单位发展至现在的居住区、综合社区；功能由单一的居住功能发展到现在的集居住、教育、医疗、商业、绿化等多功能于一体的综合性居住区；由点缀式绿化的居住区景观设计发展到现在的以人为本、生态优先、风格多样的现代居住景观设计。由此可见，随着社会经济的发展，以及城市化进程和城市居住区开发建设的加快，人们对城市居住区环境景观建设也提出了更高的要求。因此，设计者需要具有强烈的责任感，并运用科学的方法，设计出优美、舒适的高质量居住区，提高人们的生活环境水平，塑造出良好的城市形象，真正将居住区建成一个具有认同感、安全感、归属感的“家园”。

第一节 居住景观的相关概念

一、居住区(概念、用地分类、分级)

1. 居住区

城市中住宅建筑相对集中布局的地区，简称居住区。

根据《中国大百科全书》中的解释，以及在城市规划法中的定义，居住区是一个城市中住宅集中并设有一定数量及相应规模的公共服务设施和公用设施的地区，是一个在一定地域范围内为居民提供居住、游憩和日常生活服务的社区(见图1-1)。

图1-1 居住区

2. 居住用地

居住用地是城市建设用地的重要组成部分，城市建设用地(见表1-1)包含了居住用地(R)、公共管理与公共服务设施用地(A)、商业服务业设施(B)、工业用地(M)、物流仓储用地(W)、道路与交通设施用地(S)、公用设施用地(U)、绿地与广场用地(G)。

居住用地、公共管理与公共服务设施用地、工业用地、道路与交通设施用地和绿地与广场用地五大类主要用地规划占城市建设用地的比例宜符合表1-2的规定。

居住用地是城市居住区的住宅用地、配套设施用地、公共绿地以及城市道路用地的总称，包括居住区、居住街坊、居住组团和单位生活区等各种类型的成片或零星的用地。

表1-1　城市建设用地分类

代　码	用地类别中文名称	英文同(近)义词
R	居住用地	residential
A	公共管理与公共服务设施用地	administration and public services
B	商业服务业设施用地	commercial and business facilities
M	工业用地	industrial,manufacturing
W	物流仓储用地	logistics and warehouse
S	道路与交通设施用地	road,street and transportation
U	公用设施用地	municipal utilities
G	绿地与广场用地	green space and square

表1-2　规划建设用地结构

用地类别	占城市建设用地比例(%)
居住用地	25.0～40.0
公共管理与公共服务用地	5.0～8.0
工业用地	15.0～30.0
道路与交通设施用地	10.0～25.0
绿地与广场用地	10.0～15.0

根据《城市用地分类与规划建设用地标准》(见图1-2)，居住用地的主要内容如下。

(1) 住宅用地：住宅建筑基底占地及其四周合理间距内的用地(含宅间绿地和宅间小路等)的总称。

(2) 公共服务设施用地：一般称公建用地，是与居住人口规模相对应配建的、为居民服务和使用的各类设施的用地，包括建筑基底占地及其所属场院、绿地和配建停车场等。

(3) 道路用地：居住区道路、小区路、组团路及非公建配建的居民小汽车、单位通勤车等停放地。

(4) 公共绿地：为各级生活圈居住区配建的公园绿地及街头小广场，对应城市用地分类G类用地(绿地与广场用地)中的公园绿地(G1)及广场用地(G3)，不包括城市级的大型公园绿地及广场用地，也不包括居住街坊内的绿地。

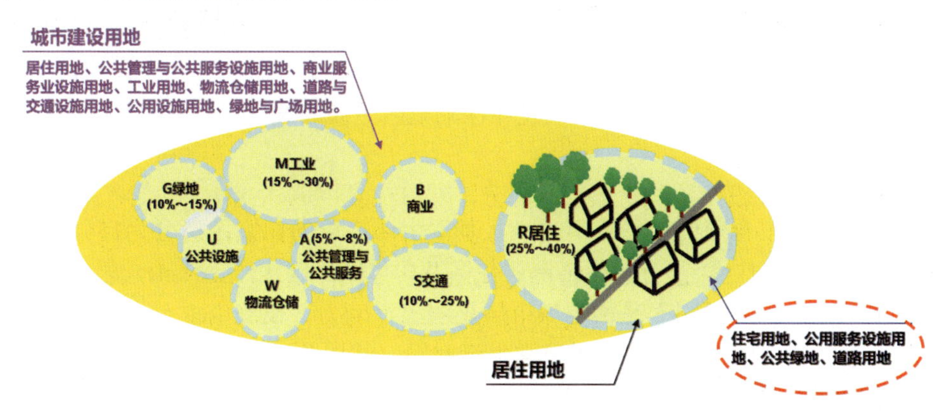

图1-2　城市建设用地

3. 居住用地分类

根据《城市用地分类与规划建设用地标准》(GB 50137—2011)中3.3城市建设用地分类，居住用地可分为以下三类(见图1-3)。

类别代码			类别名称	范围
大类	中类	小类		
R			居住用地	住宅和相应服务设施的用地
	R1		一类居住用地	公用设施、交通设施和公共服务设施齐全、布局完整、环境良好的低层住区用地
		R11	住宅用地	住宅建筑用地、住区内城市支路以下的道路、停车场及其社区附属绿地
		R12	服务设施用地	住区主要公共设施和服务设施用地，包括幼托、文化体育设施、商业金融、社区卫生服务站、公用设施等用地，不包括中小学用地
	R2		二类居住用地	公用设施、交通设施和公共服务设施较齐全，布局较完整，环境良好的多、中、高层住区用地
		R20	保障性住宅用地	住宅建筑用地、住区内城市支路以下的道路、停车场及其社区附属绿地
		R21	住宅用地	
		R22	服务设施用地	住区主要公共设施和服务设施用地，包括幼托、文化体育设施、商业金融、社区卫生服务站、公用设施等用地，不包括中小学用地
	R3		三类居住用地	公用设施、交通设施不齐全，公共服务设施较欠缺，环境较差，需要加以改造的简陋住区用地，包括危房、棚户区、临时住宅等用地
		R31	住宅用地	住宅建筑用地、住区内城市支路以下的道路、停车场及其社区附属绿地
		R32	服务设施用地	住区主要公共设施和服务设施用地，包括幼托、文化体育设施、商业金融、社区卫生服务站、公用设施等用地，不包括中小学用地

图1-3　居住用地分类

(1) 一类居住用地：公用设施、交通设施和公共服务设施齐全、布局完整、环境良好的低层住区用地。“一类居住用地”(R1)包括别墅区、独立式花园住宅、四合院等。

(2) 二类居住用地：公用设施、交通设施和公共服务设施较齐全，布局较完整，环境良好的多、中、高层住区用地。“二类居住用地”(R2)强调了保障性住宅，进一步体现国家关注中低收入群众住房问题的公共政策要求。

(3) 三类居住用地：公用设施、交通设施不齐全，公共服务设施较欠缺，环境较差，需要加以改造的简陋住区用地，包括危房、棚户区、临时住宅等用地。“三类居住用地”(R3)在居住用地现状调查分类时采用，以便制定相应的旧区更新政策。

4. 居住区分级

居住区按照居民在合理的步行距离内满足基本生活需求的原则，可分为15分钟生活圈居住区、10分钟生活圈居住区、5分钟生活圈居住区及居住街坊四级(见图1-4)。居住街坊是居住区构成的基本单元。“生活圈”是根据城市居民的出行能力、设施需求频率及其服务半径、服务水平的不同，划分出的不同的居民日常生活空间，并据此进行公共服务、公共资源(包括公共绿地等)的配置。采用“生活圈居住区”的概念，既有利于落实或对接国家有关基本公共服务到基层的政策、措施及设施项目的建设，也可以用来评估旧区各项居住区配套设施及公共绿地的配套情况。

距离与规模	15分钟生活圈居住区	10分钟生活圈居住区	5分钟生活圈居住区	居住街坊
步行距离（m）	800～1000	500	300	—
居住人口（人）	50000～100000	15000～25000	5000～12000	1000～3000
住宅数量（套）	17000～32000	5000～8000	1500～4000	300～1000

图1-4　居住区分级

(1) 居住街坊：由支路等城市道路或用地边界线围合的住宅用地，是住宅建筑组合形成的居住基本单元；居住人口规模在1000～3000人(约300～1000套住宅，用地面积2～4hm^2)，并配建便民服务设施(见图1-5)。

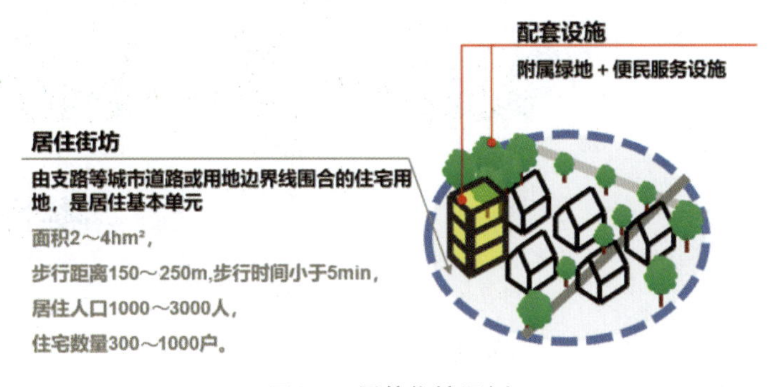

图1-5　居住街坊图例

(2) 5分钟生活圈居住区：以居民步行5分钟可满足其基本生活需求为原则划分的居住区范围；一般由支路及以上级城市道路或用地边界线所围合，居住人口规模为5000～12000人(约1500～5000套住宅)，配建社区服务设施的地区(见图1-6)。

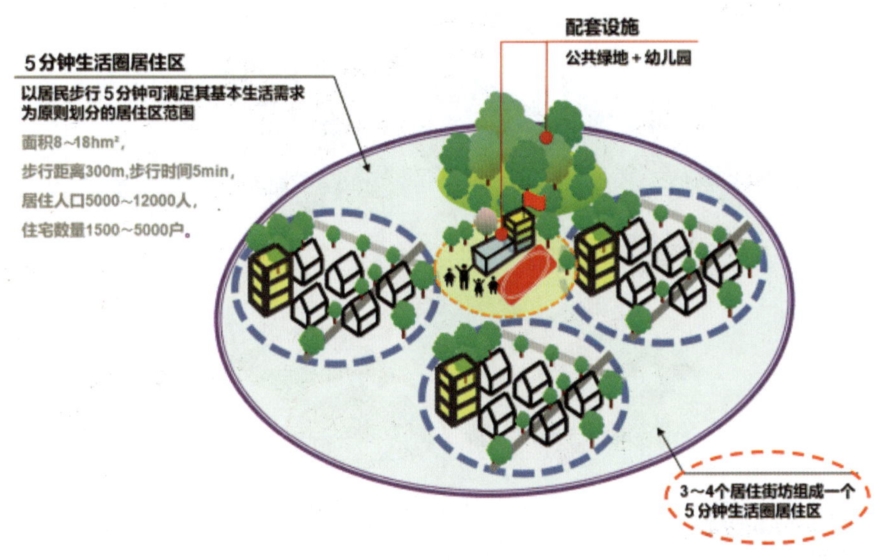

图1-6　5分钟生活圈图例

(3) 10分钟生活圈居住区：以居民步行10分钟可满足其基本物质与生活、文化需求为原则划分的居住区范围；一般由城市干路、支路或用地边界线所围合，居住人口规模为15000～25000人(约5000～8000套住宅)，配套设施齐全的地区(见图1-7)。

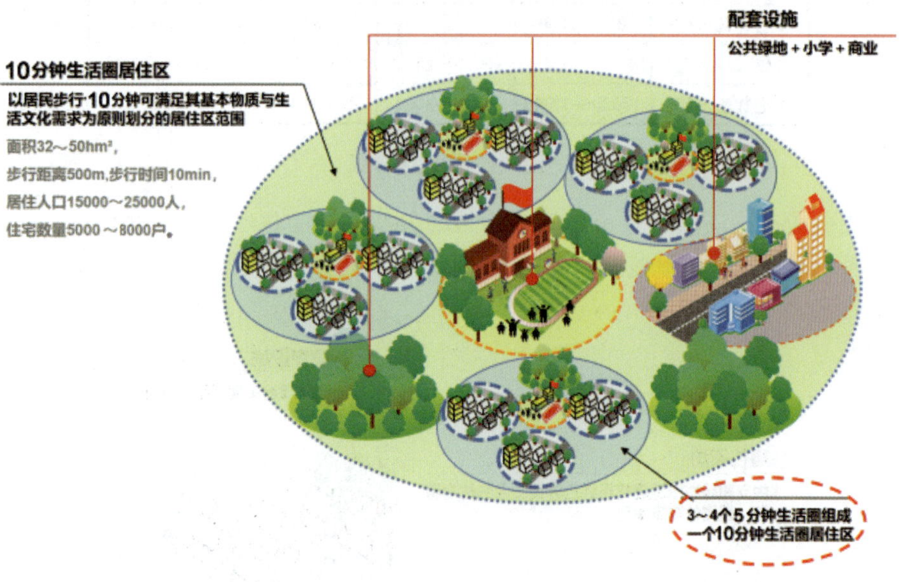

图1-7　10分钟生活圈图例

(4) 15分钟生活圈居住区：以居民步行15分钟可满足其物质与生活、文化需求为原则划分的居住区范围；一般由城市干路或用地边界线所围合，居住人口规模为50000～100000人(约17000～32000套住宅)，配套设施完善的地区(见图1-8)。

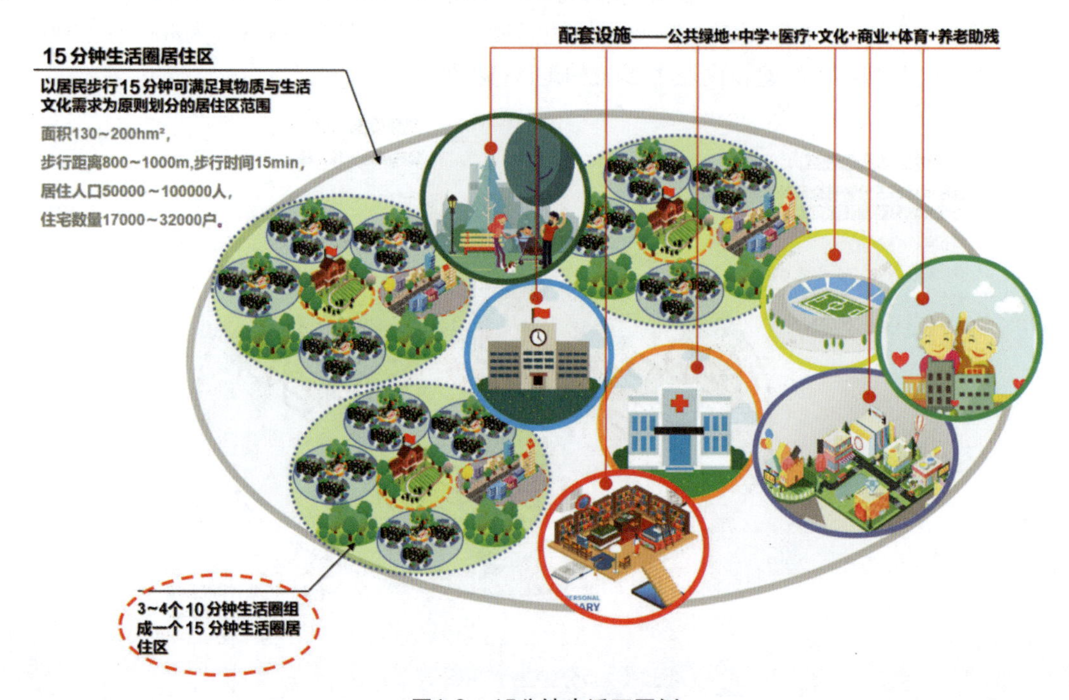

图1-8　15分钟生活圈图例

二、居住区绿地

(一)城市绿地

“绿地”作为城市规划专门术语，在《城市用地分类与规划建设用地标准》GB 50137—2011中指城市建设用地的一个大类。

广义的城市绿地是指城市规划区范围内的各种绿地，包括公园绿地、防护绿地、广场等公共开放空间用地(见图1-9)。

G		绿地与广场用地	公园绿地、防护绿地、广场等公共开放空间用地
	G1	公园绿地	向公众开放，以游憩为主要功能，兼具生态、美化、防灾等作用的绿地
	G2	防护绿地	具有卫生、隔离和安全防护功能的绿地
	G3	广场用地	以游憩、纪念、集会和避险等功能为主的城市公共活动场地

图1-9　城市绿地分类表

城市绿地不包括：①屋顶绿化、垂直绿化、阳台绿化和室内绿化；②以物质生产为主的林地、耕地、牧草地、果园和竹园等地；③城市规划中不列入“绿地”的水域。上述内容属于“城市绿化”的范畴。

狭义的城市绿地，指面积较小、设施较少的绿化地段，区别于面积较大、设施较为完善的“公园”。

(二)居住绿地

居住绿地属于附属绿地性质，是居住用地范围内除社区公园以外的绿地，包括组团绿地、宅旁绿地、配套公建绿地、道路绿地等，还包括满足当地植物覆土要求、方便居民出入的地下或半地下建筑的屋顶绿地、车库顶板上的绿地(见图1-10)。

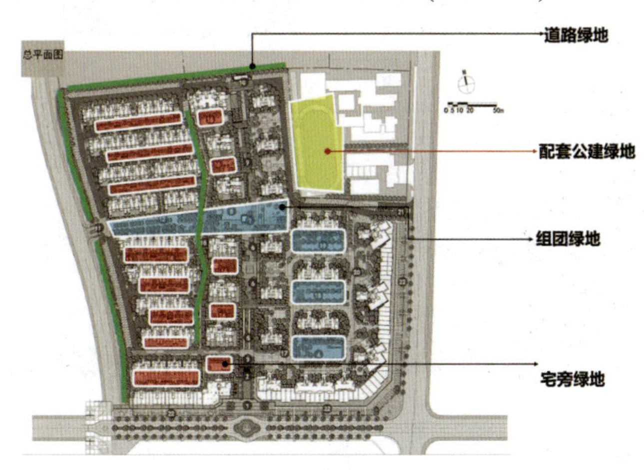

图1-10　居住绿地图例

1. 组团绿地

组团绿地是结合居住建筑组团布置的公共绿地，以休息和儿童活动为主，随着组团的布置方式和布局手法的变化，其大小、位置和形状均发生相应的变化(见图1-11和图1-12)。其面积大于0.04hm^2，服务半径为60～200m，居民步行几分钟即可到达，主要供居住组团内居民(特别是老人和儿童)休息、游戏之用。此绿地面积不大，但靠近住宅，居民在茶余饭后来此活动，游人量比较大，利用率高。组团绿地的设置应满足有不少于1/3的绿地面积在标准的建筑日照阴影线之外的要求，方便居民使用。组团绿地不宜建造许多园林小品，不宜采用假山石和建大型水池，应以花草树木为主，基本设施包括儿童游戏设施、铺装地面、庭院灯、凳、桌等(见图1-12)。

图1-11　组团绿地类型

图1-12　组团绿地实例

2. 宅旁绿地

宅旁绿地是指居住用地内紧邻住宅建筑周边的绿地。宅旁绿地是居住区绿地中属于居住建筑用地的一部分，包括宅前、宅后，以及建筑本身的绿化用地。宅旁绿地面积大、分布广、使用率高，对居住环境和城市景观的影响明显(见图1-13)。

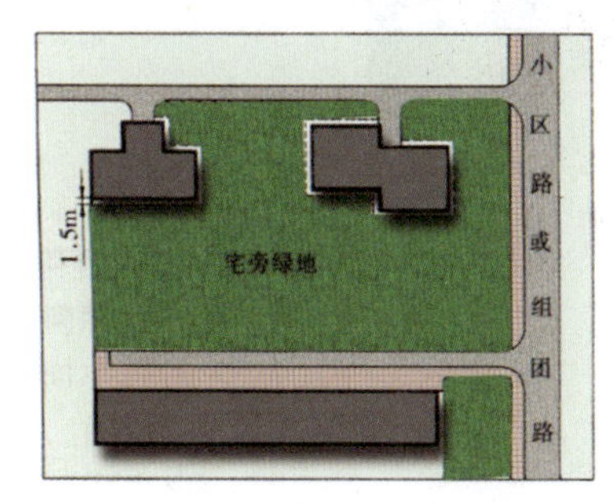

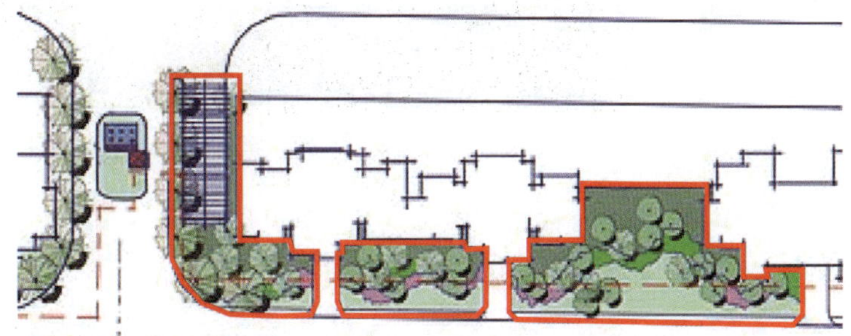

图1-13　宅旁绿地的位置

宅旁绿地的主要功能是美化生活环境，阻挡外界视线，降低噪声和扬尘，为居民创造一个安静、舒适、卫生的生活环境。其绿地布置应与住宅的类型、层数、间距及组合形式密切配合，既要注意整体风格的协调，又要保持各幢住宅之间的绿化特色(见图1-14)。

图1-14　宅旁绿地实例

3. 配套公建绿地

配套公建绿地是指居住用地内的配套公建用地界限内所属的绿地。居住区的配套公建包括教育、医疗卫生、文体、商业服务、金融邮电、市政公用、行政管理及其他八类。

居住区配套公建所属专用绿地的规划布置，首先应满足其本身的功能需要，同时满足周围环境的要求。各类公建专用绿地规划设计要点如下。

医疗卫生用地，包括医院、门诊等，设计时注重使半开敞的空间与自然环境(植物、地形、水面)相结合，形成良好的隔离条件。其专用绿地应做到阳光充足，环境优美，院内种植花草树木，并设置供人休息的座椅，道路设计中采用无障碍设施，以适宜病员休息、散步。同时，医院用地应加强环境保护，利用绿化等措施防止噪声及空气污染，以形成安静、和谐的氛围，消除病人恐惧和紧张的心理(见图1-15)。

图1-15　美国新泽西医疗中心花园景观

文化体育用地，包括电影院、文化馆、运动场、青少年之家等。此类公建用地多为开敞空间，设计中可令各类建筑设施与广场绿地直接相连，使绿地广场成为大量人流集散的中心。

商业、饮食、服务用地(见图1-16)，包括百货商店、副食菜店、饭店、书店等，给居民提供舒适、便利的购物环境，此类用地宜集中布置，形成建筑群体，并布置步行街及小型广场等。该用地内的绿化应能点缀并加强其商业气氛，并设置具有连续性的、有特征的植物及小品设施。

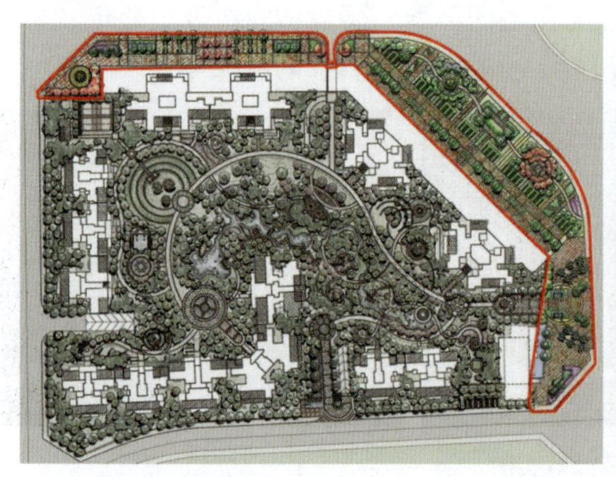

图1-16　商业绿地

教育用地，如幼托、中学、小学等。此类用地应相对围合，设计中应将建筑物与绿化、庭园相结合，形成有机统一、开敞而富有变化的活动空间。校园周围可用绿化与周围环境隔离，校园内布置操场、草坪、文体活动场地，有条件的可设置小游园及生物实验园地等，另外可设置游戏设施、沙坑、体育设施、座椅、休息亭廊、花坛等小品，为青少年及儿童提供轻松、活泼、幽雅、宁静的气氛和环境，促进其身心健康和全面发展(见图1-17)。

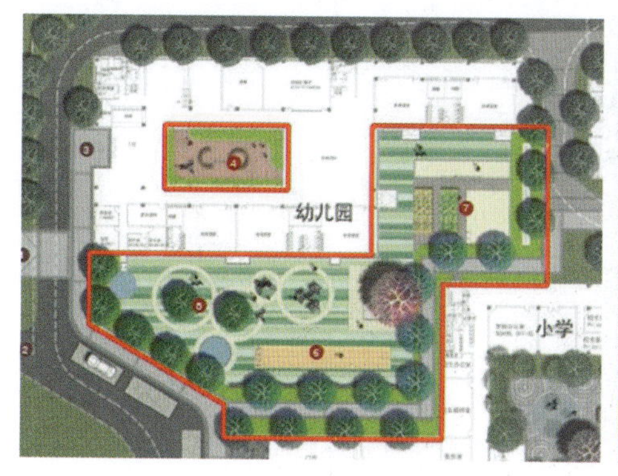

图1-17　教育绿地

行政管理用地，包括居委会、街道办事处、房管所、物业管理中心等。设计中可以通过乔灌木的种植将各孤立的建筑有机地结合起来，构成连续围合的绿色前庭，利用绿化弥补和协调各建筑之间在尺度、形式和色彩上的不足，并缓和噪声及扬尘对办公的影响，从而形成安静、卫生、优美的工作环境。行政管理用地内可设置简单的文体设施和宣传画廊、报栏，以活跃居民业余文化生活，绿化方面可栽植庭荫树及多种果树，树下种植耐阴经济植物，并利用灌木、绿篱围成院落(见图1-18)。

图1-18　居委会配套绿地实例

其他公建用地，如垃圾站、锅炉房、车库等。此类用地宜构成封闭的围合空间，以利于阻止粉尘向外扩散，并可利用植物作屏障，减少噪声，隔离外部人们的视线，而且不影响居住区的景观环境。此类用地应设置围墙、树篱、藤蔓等，绿化时应选用对有害物质抗性强，能吸收有害物质的树种，种植枝叶茂密、叶面多毛的乔灌木，墙面、屋顶采用爬蔓植物绿化。

4. 道路绿地

道路绿地是指居住用地内道路用地(道路红线)界限以内的绿地。

由于道路性质不同，居住区道路可分为主干道、次干道、小道3种(见图1-19)。主干道(居住区级)用于划分小区，在大城市中通常与城市支路同级；次干道(小区级)一般用于划分组团；小道即组团(级)路和宅间小路，组团(级)路是上接小区路、下连宅间小路的道路，宅间小路是住宅建筑之间连接各住宅入口的道路(见图1-20)。

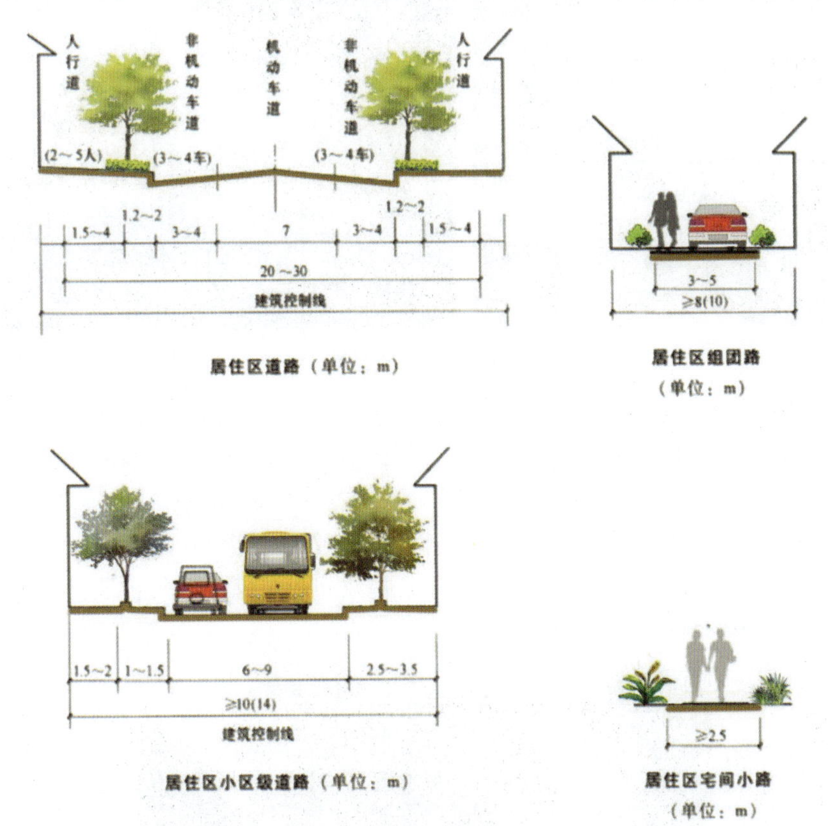

图1-19　居住区道路分类图例

图1-20　居住区道路实例

居住区的道路把小区公园、宅间、庭院连成一体，是组织联系小区绿地的纽带。居住区道旁绿化在居住区占有很大比重，它连接着居住区小游园、宅旁绿地，一直通向各个角落，直至每户门前。因此，道路绿化与居民生活关系十分密切。其主要功能是美化环境、遮阴、减少噪声、防尘、通风、保护路面等。绿化的布置应根据道路级别、性质、断面组成、走向、地下设施和两边住宅形式而定。

三、居住景观的相关概念

居住景观设计是立足于人类建造居民生活场所的需求，将居住区概念和生态学原理共同运用到景观设计当中的景观设计门类。居住景观设计不仅停留在居住区景观这一概念之上，应更多地结合生态、自然、色彩、心理等学科，并以此为基础形成综合体的景观设计。此类设计中，应充分考虑自然、经济、科学、社会等重要因素，重点强调生态景观、资源平衡、以人为本的设计重心，以满足人类生活与心理的双重需求，达到经济效益、生态治理和生态效果的最大化。

1. 居住景观定义与构成

居住景观设计一般是指居住区及居住场所室外景观空间结构和室外设施外观形态的集合，由植被、水体、地形、道路及建筑和构筑物等景观要素构成，在住房居民和开发商供求关系影响下建造的景观实体。居住区景观设计基本上是由商业居住庭院、个体居住庭院、组团式公共绿化用地和小区公共活动场所等地块组合构成，这些场地空间往往相互兼容互为贯通，构成了居住区景观外部空间环境的实体基础。居住区景观设计与规划设计相辅相成且两者兼容互补，建筑体附属组合景观和室外自然景观的衔接也是此类景观设计的重点，空间尺度的把握与转换，以及取得优质景观设计形态是此类景观设计的最终目的。

小区景观设计从景观要素方面区分，分为软质景观设计和硬质景观设计两大类。软质景观设计以水体、植被、水幕和附属上述三类景观要素的小型组合景观为主要组成；硬质景观则包括地面铺装、地形地坪、小品设施以及构筑、建筑体为主要组成(见图1-21)。居住区景观规划应注重使用者的特性和需求，以人为本的人性化设计更容易被人接受和感知。

图1-21　居住景观设计要素运用

2. 居住景观与环境

环境分为自然环境和人文环境，自然环境是人建设景观设施和绿化的前提条件，水体、地形等改造应尊重自然条件。而人文景观主要体现历史文脉在环境上的表达，从文化认知及精神诉求等方面满足人的审美情趣(见图1-22)。

居住区规划景观设计中，营造景观首先要尊重自然，自然是人类生存的空间环境，面对基础场地环境需要的不是征服，而是要合理地利用和维护。自然环境的保存依赖于以生态设计为核心的处理手段，自然生态设计理念在于人与自然和谐共生、共存共荣。正如荀子所提出的“天地人阴阳共生，造化自然取之有节”，自然生态与居民小区环境要保持自身的整体性，通过道路和水体等线性因素为场地梳理脉络，以景观节点为设计中心，结合自然以遵循美的法则和构思，依照均衡与对称、对比与强调、节奏与韵律、动静结合营造自然空间(见图1-23)。

图1-22　自然景观和人文景观

图1-23　尊重自然的居住景观设计

在人文环境方面，当地本土文化、民俗文化也往往在此环境空间中表现。小区景观规划中人与环境存在依存和被依存关系，搭配合理且美好的环境景观可以调节居民的情绪、缓解心情，有着重要的心理引导作用，在视觉效果上也能从美学出发，满足人审美、生活品质提升以及文化内涵建设等需求，其不仅是一个适宜交流、休憩、娱乐活动的场所，更是一个加强邻里关系、促进和谐社会共建的重要场所。此类场所是加强居民交流活动的载体，也是居住空间中比较核心的运动场地，更是为小区健身设施安置及健身活动的场所。其场所意义往往大于物质空间特征所带来的作用，更是居民在心理上和精神上的认同空间和归属空间(见图1-24)。

3. 居住环境的生态性

居住区景观环境各要素应遵从生态学，对于生物涵养和水体保护以及微气候调节都有积极作用，生态环境各要素也应达到协调统一且互为依存的关系。人工环境不是放弃自然景观的生态性，而是要依存于自然景观创造更有利的生态系统。居住景观设计不应仅限于布置一个园艺绿化的小庭院，更应该在居住区规划设计中发挥主导作用，利用生态手段充分改造建设区域。随着社会对居住环境要求的提高，加之生态建设和水体涵养也越来越受政府、房地产、开发商、住宿居民的关注和重视，客户在购房时不仅要看建筑的布局，也将生态设计是否合理列入其考虑范畴，政府部门的城市规划和城市形象规划从客观上发挥了指导作用，宜居生态性成为现代商业小区和田园小区建设的重中之重。

图1-24　融入本土文化的居住景观设计

生态系统是景观绿化的基础，在居住室外空间设计中应充分利用地块的自然地貌、气候特征、植被构成以及水系统和地势特征。例如重庆龙湖睿城小区就保留了小区原有的小叶榕、香樟等十余种植被，遵从了植被选取的本土性和生态优化，小区环境也与周边环境有借景和对景关系，借山造景、引水入区创造出山水一体的景观效果(见图1-25)。除了生态性，还应注重景观设计的整体性、实用性、艺术性和趣味性，并注重各方面因素有机结合。

图1-25　重庆龙湖睿城小区景观设计

4. 以人为本的原则

以人为本的原则在居住区景观中体现充分，景观不仅有观景和生态的价值，更有诸多层次分明、功能多样的互动和交流空间。居住区居民活动分为个人活动和社会活动，分别具有自发性和随机性的特点。而景观环境为这类活动提供了因地制宜的活动空间环境，它结合场所的形式比例、功能要求、职能定位等设计因素，形成了人际交往和人际活动的空间层次架构。

以人为本的核心是人，以人为本的设计应充分考虑居住区外部景观空气、湿热以及声、光、水等环境，通过空间的穿插、围合布局结合生态技术等手段，如交通设施、健身设施、车辆停放、观赏交谈等，尽可能地创造舒适宜人、自然和谐的景观空间，实现人与景观的互为感知和互动。设计中应遵循人体工程学、行为学以及心理学，增加居民与地面植被的接触空间，建造适于人群个体特征的室外场地，如设置儿童游乐场、老年人健身场所、亲子和亲水平台，以做到精神关怀这一层次(见图1-26)。居住区景观只有充分尊重历史文化，结合不同年龄段人的生理和审美需求，才能真正体现以人为本的设计理念。

图1-26　以人为本的小区儿童游乐区设计

居住区环境景观营造是一门较为传统的专业领域，它是技能与艺术的结合，是建筑与园艺的结合，是生态与科技的结合。在居住环境日益受到重视的社会前提下，打造人性化设计以满足居民的心理需求，使得居住区居民感到安全温馨并产生归属感是设计的重要目的。人性化设计就是要立足于居民所想、居民所需，增加智能化设备以反映科技与人文的共同进步，寻求高品质、个性化的居住外部空间，这一诉求要求从业者和设计师更大范畴地尊重居民的精神和心理需求以及情感表达，实现人与环境的和谐共生，以打造可持续的未来居住景观空间为目标。

第二节　居住景观的相关规范

一、居住区规划绿地规范

根据《城市居住区规划设计规范》中第七条的规定，居住区内绿地包括公共绿地、宅旁绿地、配套公建所属绿地和街道绿地，其中包括满足当地植被绿化覆土要求，方便居民出入的地下或半地下建筑屋顶绿地。第七条下面共分为诸多细项，其中居住区内绿地一切可绿化的用地均应进行绿化，并宜发展垂直绿化。宅间绿地应精心规划与设计。绿地率：新区建设不低于30%，旧区改造不低于25%。

居住区内的绿地规划，应根据居住区的规划布局形式、环境特点及用地的具体条件，采用集中与分散相结合，点、线、面相结合的绿地系统。并宜保留和利用规划范围内的已有树木和绿地。居住区内的公共绿地，应根据居住区不同的规划布局形式设置相应的中心绿地，以及老年人、儿童活动场地和其他的块状、带状公共绿地等，并应符合相关规定。

居住区内设置居住区公园时，应设置绿地草坪、凉亭廊架、雕塑、花坛水景，适当地增加老幼设施和停车场，地面铺装根据需求进行添加，小区景观游园也应满足基本绿化要求，设置草坪、花坛、儿童游乐设施和地面铺装等，并且进行一定的功能划分。在封闭型绿地和开敞绿地设计时要注重楼间距的开设，符合住宅区标准日照间距，对多楼层的组团式绿化面积有明确规定。其他块状带状公共绿地也要满足宽度不低于8m，面积不小于400m²的要求。

居住区各级中心公共绿地设置规定

二、居住景观设计规范

居住区景观规划相应设计规范应参考国家颁布的《居住区环境景观设计导则》，该导则内容包括总则、居住环境综合营造、景观设计分类、绿化种植景观四大部分，且所述甚详。该导则中指出了居住区环境景观设计应遵从的相应原则，如坚持社会性、经济性、生态性、地域性、历史性五大原则，是对居住区景观环境建设提出的重大原则。要求因地制宜保护历史，从本土的自然和人文两大方面入手，利用新技术、新材料、新设备，顺应市场发展作出合理且得当的景观规划。其中还对居住区光、通风、噪声、温湿度、嗅视觉环境以及人文与建筑环境作出了明确要求，要求居住区景观设计应立足于自然客观的九大环境，建造与其相适应的功能空间和多样空间，以满足不同楼层居住区(如高层区、多层区、低层区、综合居住区)景观设计要求与需求，通过地形特征提高绿视率。在不影响低层居住景观视野的情况下尽可能地满足私密空间的打造要求。

居住区环境景观结构布局

第三节　居住景观的风格类型

一、传统中式风格

中国传统民居形式多样、内容丰富，如北方的庭院规整式和南方的自然式民居。在清代之前中国民居的景观绿化遵从山水园林格局形式，具有代表性的是北方防御性庄园景观和南方的私家园林，具有明显的人文主义色彩和道家天人合一的终极思想。传统中式景观包括秦汉、隋唐、明清等诸多风格布局形式，多依附于建筑来布置绿化和景观小品，景观设施辨识度高，且有明显的自由式园林风格特征。例如，北京的四合院有明显的大院居住模式，连续的传统邻里建筑景观布局方式，树木种植多蕴含吉祥寓意和文人情怀；梅兰竹菊和桃李松梅等特定植物的搭配，有深远的人文主义寓意表现。东方庭院景观多借地势而筑山造水、引水入园，讲究“虽为人工，宛如天开”的设计理念和山水格局构思。而这一传统的居住空间造园手法一直延续至今，在居住区景观布局上未完全打破传统园林格局的影响(见图1-27)。

图1-27　传统中式风格居住景观

二、欧美风格

改革开放之后，我国最早引入的景观设计风格是“欧美风格”，其中法式景观、英国自由园林景观、美国城市景观都是当时优先借鉴的对象。在20世纪90年代初期，国民经济收入有了长足增长，以体验慢生活节奏和轻松愉悦的生活环境为时尚。景观理论方面，对英法传统的皇家园林、建筑形式都有所借鉴，建筑和景观小品大都具有复杂的雕刻，雕塑、花钵、喷泉等也多用于景观当中。在当时，欧美景观设计风格几乎成为市场设计的主流，我国景观设计思路和规划意识有了进一步的提高，我国居民住宅景观设计在借鉴过程中也在不断积累经验，开始向精细化、专业化方向发展(见图1-28)。

图1-28　欧式风格居住景观

三、自然异域风格

对于异域风格的景观借鉴而言，其借鉴的风格较多。除本土的景观特征外，其他所有从国外借鉴的风格均可称为异域风格，如地中海景观风格，东南亚景观风格，西班牙、葡萄牙景观风格，意大利台地景观风格以及日式园林风格等(见图1-29)。初期主要是从建筑外观上进行模仿，景观绿化相对简单，景观设施也相对不完善，这是我国居住区景观探索期的重要特征。

图1-29　东南亚风格居住景观

随着时间的沉淀和推移，我国形成了完善的景观设计方案和理论，逐渐简化了建筑的复杂纹饰，更注重功能的使用，开始向着新古典主义景观设计方向发展。我国居住区景观的设计从形式转向实用，有较健全的休闲功能场地和居民健身场地，具有明显的公共空间和私密空间的划分，人性化设计思路也逐渐融入。

四、现代简约式景观风格

2010年之后，我国居住景观设计已经有较完善的设计风格，追求时代个性和思想解放，品质需求和本土文化在景观设计中添加和融入，并成为流行趋势，形成了真正意义上的当代居住区景观设计(如图1-30)。

这期间，现代简约式景观风格逐渐代替了异域风情景观特征，在空间布局上多以几何式具有很强构成艺术效果的平面布置，设计理念和设计主题明确统一。色彩丰富、对比强烈并且追求时尚，景观设施多有简洁、抽象、多功能化等特征，体现了城市生活的先进性、自由性和舒适性。整个小区景观区域在功能定位方面准确得当，有明确的功能区划分和设计定位，能够满足人交流、休闲、娱乐、运动、健身、育儿等多种场景的功能需求。追求用自然生态、微地形处理、水景点缀、植被组团等处理方式来营造舒适、健康、宜居的居住环境。

图1-30　现代风格居住景观

五、新中式风格

近年来，中国居住景观设计逐渐回归到中式景观设计风格上来，形成了具有中国特色的新中式景观设计。面对国外不同形式的文化输入，国民逐渐意识到弘扬中华文化的必要性，有了文化意识的觉醒和对传统文化的自信心和归属感，设计师也不断地探索多样的居住景观形式，更注重创新的思路，在景观形式上融入更多的传统元素符号(见图1-31)，对于外来文化吸收的过程中有目的地进行借鉴与改造，立足于本土文化，创造出更适于本土居住形态的景观布局。

图1-31　新中式风格居住景观

新中式风格的完善和确立使得我国居住区的景观规划进入了一个崭新的阶段，此时的景观设计师专业能力强，充分考虑设计的形式以满足人的精神需求，使居住者在景观中感知环境带给人的精神意境。我国民族众多，自然地理条件多样，不同的城市有着不同的历史文脉和独特的景观特质，立足不同地域文化使得城市有自身的文化属性，在很大程度上削弱了西方景观设计对我国地域文化的影响，使得每一个城市居住空间都有独立的城市魅力和城市灵魂，这些都标志着我国小区景观规划的理念走向了新的高度并取得了重大成就(见图1-32)。

图1-32　新中式风格景墙

第四节　近代居住景观的发展历程

一、近代居住景观的产生阶段

清朝灭亡后，中西方园林设计风格开始融合，中国突破了传统景观园林的理念限制，景观设计方面向着近代居住景观设计发展，民国初期到20世纪40年代，某些具有现代设计理念的景观设施应用到居住区内，然而因为受众群体少、人们居住区参与度较低，使得此类景观设计没有得到大面积应用。

中华人民共和国成立之初，我国秉持拿来主义“取其精华、去其糟粕”的辩证思想将景观设计应用技术引进国门，居住区才真正意义上有了近代景观设计的概念。之后开始学习苏联的文化和技术，当时国民经济还处于起步阶段，贫穷落后的状态还未得到改善，城市居民的基本居住需求须迫切解决，公共设施和景观设施没有真正意义上用于景观设计中。国家以当时的财力基础投资建设了第一个工人村“上海市曹杨新村”，为2万城市工人提供了以兵营式、邻里式为单位的居住空间，其布局临河而建、以水为媒，一定条件地考虑了自然因素和植被的保留，绿化面积较少，且活动场所有限，最大限度地解决住宿功能，楼间距紧凑、舒适度相对较低。后来以此为设计模板建造了大量的工人新村，代表着中国近代居住景观设计的产生。

二、近代居住景观的过渡阶段

随后连续三年经济进入恢复期，中国实施了第一个五年计划，进行了大规模有计划的居民住宅建设，邻里单位式的布局已不能满足人民生活的需求，住宅建设开始从“邻里式”向“街坊式”转变，强调设计中心轴线景观对称布局，有明显的建设中心且房屋道路横纵规划，绿化布局也有了较大的改观，居住区景观开始划分区域，有明显的公园、游园、绿地三级绿化。

20世纪60年代，小区规划理念得到了广泛认可与应用，形成了特有的居住区规划模式，开始出现城市街道的概念，沿街而建的房屋有着底商上住的建造特征，一层进行商业活动，二层供人居住，如集体供销社、人民邮局、人民食堂等都有这种特点。景观绿化中行道树、街头小绿地、中庭庭院都有所体现。例如，重庆具有代表性的小区景观之一龚滩古镇“一面街”。

三、近代居住景观的发展阶段

改革开放之后，迎来了居住区景观设计的发展阶段，社会经济结构和居民生活的物质结构发生了重大变化，人们不仅为了满足基本居住需求，更加追求精神满足和小区家庭式的归属感，这更大限度地推动了小区景观绿化设计在居住区的应用。

20世纪80年代中后期，大多数居住区内配有运动场地和健身设施，有基本的景观小品设施，如垃圾桶、阴井盖、路灯、乒乓球场、基础健身器材等设施。部分小区还配有篮球场地，为住同一小区的居民提供交流和运动的场所，室外交流活动的场地较多地形成了独特的邻里文化，居住景观在规划上注重组团式设计，空间形式多样，有简单且独立的庭院设计，居住区的识别性逐渐加强，规划样式和模式基本上做到了因地制宜，也有部分对人性化关怀的设计(如盲道、无障碍交通、林荫步道等)，有一定的封闭式空间和半封闭式空间，为私有空间和专属空间提供了基本保障。

四、近代居住景观的成熟阶段

20世纪90年代，国家经济有了长足发展，全国城市建设进入了高速发展阶段，城市化建设和城乡统筹有了经济支撑。全国各地进入了居住区设计竞赛阶段，许多新的设计理念逐渐融入小区景观设计当中，景观设施不断完善，居住区中开始出现中心活动场地和中心绿地，运动场地与绿地相互结合打造出了周边绿地、景观节点、儿童游乐等空间，如济南的泉城居住区、燕子山小区等就有着这个时期特有的景观布局方式。

20世纪90年代至今，我国经历了居住景观由高速发展阶段进入到成熟阶段，中国近代居住景观设计走向了新的转折点和变革点。在这个时期，居住景观设计吸取国内外设计的众家之长，积极借鉴国外经验，举办竞赛，广泛吸收优秀的设计理念，从布局变化和景观打造上作出了众多尝试与实验，找到了符合中国国民需求的居住区景观设计，进入了风格多样又具备中国特色的居住区景观设计多元化发展阶段。这标志着近代居住景观设计进入了成熟期，新中式景观设计元素也不断被提炼和加工，并应用到实际居住区建设项目中来。

第五节　居住景观的现状特点及未来趋势

一、居住景观的现状

1. 国内现状

(1) 国内居住区景观在文化传承角度还有待加强，居住区环境作为城市人类必不可少的居住空间，往往承载着居住区文化的核心力和凝聚力。我国传统文化分布甚广，自然文化和地域文化千差万别，且国内南北风格各异，这使得我国在居住区景观打造上应突出地方特色和保持城市文脉延续，适合用突出地方特色和历史文化作为居住区规划和设计的主导思路和主旨。

(2) 我国居住景观环境专业领域起步相对较晚，场所功能的强化不足，作为场地中心绿化还应兼顾多种系统，如休闲、交流、健身等。众多开发商为谋取商业利益的最大化，在景观建造时往往存在着千篇一律、缺乏个性的弊端，跟风、面目单一、空间呆板使得居住区景观设计形态走向趋同化。

(3) 居住区景观设计缺乏艺术性表达。居住区内满足功能使用是设计的首要目的，然而运用含有美学思想的景观营造手法也是必不可少的。当前中国居住区景观设计在运用设计元素于场地时，打造手法还较为单一和重复。通过水体等自然元素营造富有创意和艺术性景观空间的需求在不断加强，打造中国山水格局和突出艺术装置的新景观将成为设计的必然，日益成熟的设计手段将应用于不断提升审美需求的居住空间中。

2. 国外现状

在欧美地区，其小区景观设计起步较早，有着较为全面的景观附属设施，在景观小品、栏杆桌凳、街头绿地和街景景观中几乎都涵盖了艺术性造型的室外设施。然而由于建造较早，设施相对陈旧且设施功能较为原始，受原有建筑道路的影响，景观绿化面积不大且规划相对陈旧与分散，在广义的居住空间景观上还应继续与地景、大地艺术、城市规划等相关领域相融合。著名美国建筑评论家、建筑师弗兰普顿教授曾在《千年七题：一个不适时的宣言》主题报告中认为，“总体应用地景策略能够有效地改善整个城市化地区的社会文化及生态特征”。这表现了西方在城市改造中缺乏整体和大体量景观绿化措施，指出当前居民小区绿化景观还有待完善和优化，需加强城市建设中生态环境和城市文化的融合。

再者就是较陈旧的景观设施不符合当前使用群体的要求，时间的变迁和智能景观设施的加入使得原有的景观存在设计短板和不足，正如美国著名景观规划师、风景园林师玛莎·舒瓦茨女士所言：“有些花园经常随着时间的变化而变得面目全非，甚至和原来的设计几乎没有任何类同之处，它们的功能已不再适合当地，因为陈旧和荒废使得其没有改造的可能，不得不进行重新组建。”这一点也充分说明了西方某些地区，居民小区绿化因为常年失修或者设施陈旧等问题，不得不进行重新设计和重建。

二、国内居住景观存在的问题

当前国内小区景观的建设存在诸多片面理解和弊端纰漏，比如宣传与实际效果不符，绿化垂直面积不够，基础健身和便民设施不足等诸多问题。生态系统建设片面地理解为绿化也是不准确的，绿化方面一味追求绿地率，追求种植名树奇花，未认识到从实地出发种植本土植被的重要性。盲目追求绿地率和绿化率也是不可取的，应遵从民用居住区绿化规范，合理布置。

1. 功能设施不匹配、不完善

部分居住区内水循环系统存在诸多问题，在设计方面，缺乏对雨水循环的优化和利用，日常维护方面存在短板，导致维修费用过高，使水体景观久而久之出现水质恶化，设施陈旧失修，从而丧失净化功能，出现死水、坏水等尴尬局面，影响整个小区的环境品质。

2. 盲目追求“大气上档次”

当前某些景观设计师追求的设计理念存在问题，盲目地追求气势宏大、用材讲究，以大量的财力投入换取宏大的视觉效果，不分场合和地域差异盲目追求“高大上”。忽视地域文化和本土特色，既浪费了巨大的经济支出，又产生了不好的社会影响。在整个居住区景观规划中缺乏规划知识，一味追求形象工程、好大喜功，也会导致在不具备建设大型景观的场地建造“高端大气上档次”的形象景观设施。

3. 景观抄袭和模仿现象成风

很多居住区景观设计项目存在着“千篇一律”的植被与水体造型，景观设施高度雷同等现象。创新的景观设施往往还被冠以“搞怪、异类”等头衔予以排斥，不管是中式还是欧式小区景观打造，都有着十分相似的形态，看似功能合理、设施到位，实则缺乏创意。居住景观设计是一个高度综合和具有技术性的专业，不仅需要功能的契合，更需要视觉形式的展现，创新是景观发展的动力，而抄袭模仿他人之作终归是无根之木、无源之水。

4. 景观施工与设计衔接不够

景观设计从设计到最后施工是密不可分且紧密配合的，而当前我国有些景观设计方案设计和施工设计衔接方面存在问题，初步方案的设计者和施工方案的设计者相互联系不多，而最终从设计施工图下达到施工队也存在对接不充分，某些景观设计师不能够做到现场把关，甚至出现设计挂名并未实际参与设计等问题，很难达到设计的预期效果和品质保证。对于复杂的地形，施工图无法指导施工的现象时有发生。不少设计者对于下工地、临现场缺乏主动性，良莠不齐的施工队伍导致项目最终的实施效果不尽人意，甚至有某些施工决策者因施工费用过大而私自调换材料，以次充好、偷工减料，制造各种因素干扰施工进度的实施，导致施工无法达到预期效果。

三、居住景观发展趋势

1. 传统与现代技术的结合

我国居住区景观经历了数十年的快速发展，已形成了具有自身特色的设计风格和设计元素。由于我国传统建筑形式和景观设计形式多样，可借鉴的设计元素也琳琅满目，在当前城市化进程飞速发展的今天，城市面貌也发生了翻天覆地的变化，高楼林立且公园设施齐全，小区景观的设计风格也不断推陈出新，从简单的功能主义向审美意象进行转变。

我国传统园林的设计元素体现了独特的人文情怀，更符合国人的审美趋向，当前设计在科学技术的加持下结合本土文化、地域文化，尊重地域差异，融合新的园林思想，在简约主义和功能主义的基础上添加中国特色园林符号，打造、衍生出新中式景观。这种新的造园手法应用普遍，有中国传统园中园的景观效果，带有曲径通幽的视觉感受，由小见大地体现当今中国精致生活的品质，使得居住景观显现出深厚的文化底蕴和艺术魅力。

2. 绿色生态与专业种植

环境的保护在小区规划设计中越来越受到设计者和居住者的关注，防止环境进一步恶化成为每个小区绿化的重点，人们在居住区中不仅考虑功能性，更考虑绿化率，开始追求更自然、更健康、更生态的环境质量。“生态型社区”“绿廊居住区”的居住模式中更加注重自然资源的借用和地形形态的利用，生态园林般的居住区不仅是设计师绘制的蓝图，更是居民融入环境的体验。生态化现代居住区绿化植被要符合生态学理论要求，立足于生态学和景观学。要研究如何更好地改善城市面貌，提高居民生活质量以实现居住区景观多样化的要求。生态文明建设是现代文明的重要组成部分，也是现代文明发展的标志，构建生态化居住区不仅是满足居民对环境的自身需求，更是保护赖以生存的城市生态。

绿化种植关于树种的选择，更多的是运用本土植物。对植被的耐光照度、耐干湿、耐酸碱进行系统研究，深入挖掘中国传统植被运用技术，利用借景、障景等手法打造假山和植被形态，充分表现居住区园林设计的自然属性，将山水与植物进行整合打造，使其完美融合，形成高、中、低植物搭配的环境美化局部空间，为小区内部居民提供安静、舒适的生活环境，做到环境无小事、绿化无死角。

第二章

居住区景观设计原则

学习要点及目标

- 了解居住区景观设计相关原则。
- 学习居住区设计原则。

微课

第一节 人性化原则

人性化设计是指在设计过程当中，根据人的行为习惯、生理结构、心理情况、思维方式等，在原有设计基本功能和性能的基础上，对建筑和展品进行优化，使观众参观起来非常方便、舒适。人性化设计是在设计中对人的心理生理需求和精神追求的尊重和满足，是设计中的人文关怀，是对人性的尊重。

随着社会经济的快速发展，环境问题日益突出，现代城市居民对生活环境的要求也越来越高(见图2-1)，越来越多的人将具有人性化景观的小区作为首选。通过对居住区景观设计历程的探讨、现状的分析和人类心理学的研究，我们可以基本把握居住区内人的活动方式和心理需求，从而提出人性化居住区的设计原则。

图2-1 居住环境

一、人性化的概念

“人性化”是近年来逐渐强调的一种思想观念，它的产生是当代可持续发展背景下人文精神的体现。作为一种人文思想，西方“人性化”的思想源于文艺复兴时期所倡导的“人文主义”思想的发展，与资产阶级在政治和经济上的兴起相呼应，直接受到科学技术发展的影响。我国传统文化中的“人本精神”突出人的主体性，注重亲情交往的生活情趣和精神追求，反映在外部空间则是注重人与自然的关系，强调人与自然、人与人、人与社会和谐相融的“天人合一”“情景交融”的思想，以及宜人的空间组织和空间形态，也是当今“人性化”思想产生与发展的本源。

人性化中包含着人的多重属性，如人的精神属性、社会属性、自然属性。

(1) 精神属性——人在社会关系中所从事的一切活动与人的精神活动和思维能力是密切地联系在一起、相互促进的。精神生命是人的本质的一部分，因而它是确定人的本性的特征，没有这一部分，人的本性就不完整。它是真实自我的一部分、人本身的一部分、完整的人性的一部分。意识的产生和价值的追求正是人的精神活动的体现。

(2) 社会属性——自然界赋予人的本性只有对社会的人来说才是存在的，人区别于动物的更本质的特征在于人是以群体而生存的社会属性。人在共生关系中所形成的相互依存性、交往性和人在伦理关系中所表现出来的道德性都属于人的社会属性的内涵。

(3) 自然属性——人的自然属性是人性研究的起点，它体现在人生存的基本生理、心理需求和自我保存的防卫本能。居住环境中人对领域性、安全性等需求，对生存环境舒适的阳光、空气、绿化等需求都属于人的自然属性。

二、人性化设计

人性化设计是指要满足广大人民需求的设计理念。人性化设计的理念并不是单纯的一场运动或是某个设计团队提出的，而是人类一直在追求的目标。人们进行设计的根本目的就是满足人们的一切需求。人性化设计的理念没有确切的开始，它随着人类的产生而存在，是深藏在人们内心的对于生活的向往，从而更不会有终结，在任何社会状态下，人性化都是设计者所应追求的目标。

亚伯拉罕•马斯洛是美国社会心理学家、人格理论家和比较心理学家，人本主义心理学的主要发起者。他认为人类价值体系存在两类需求：一类是沿生物谱系上升方向逐渐变弱的本能或冲动，称为低级需求和生理需求；另一类是随生物进化而逐渐显现的潜能或需求，称为高级需求。马斯洛在1943年发表的《人类动机的理论》一书中提出了需求层次论。该理论的核心包括3个基本假设(见图2-2)、5个需求层次(见图2-3)。

图2-2 3个基本假设

三、居住区景观中人性化设计的满足条件

(1) 对生理需求的满足——针对不同层次、不同年龄的人群，设计不同景观活动。同时注重适宜的物理指标，如运动、休憩、环境指标因子检测。

(2) 对安全需求的满足——增加景观安全性与空间认同感，注重景观空间尺度。

(3) 对交往与归属的满足——促进人与人之间的交流，进而满足人们的社会活动需求，注重私密空间的设置。

(4) 对尊重需求的满足——建立在交往的基础上，侧重于心理的感知和情感的共鸣(见图2-4)。

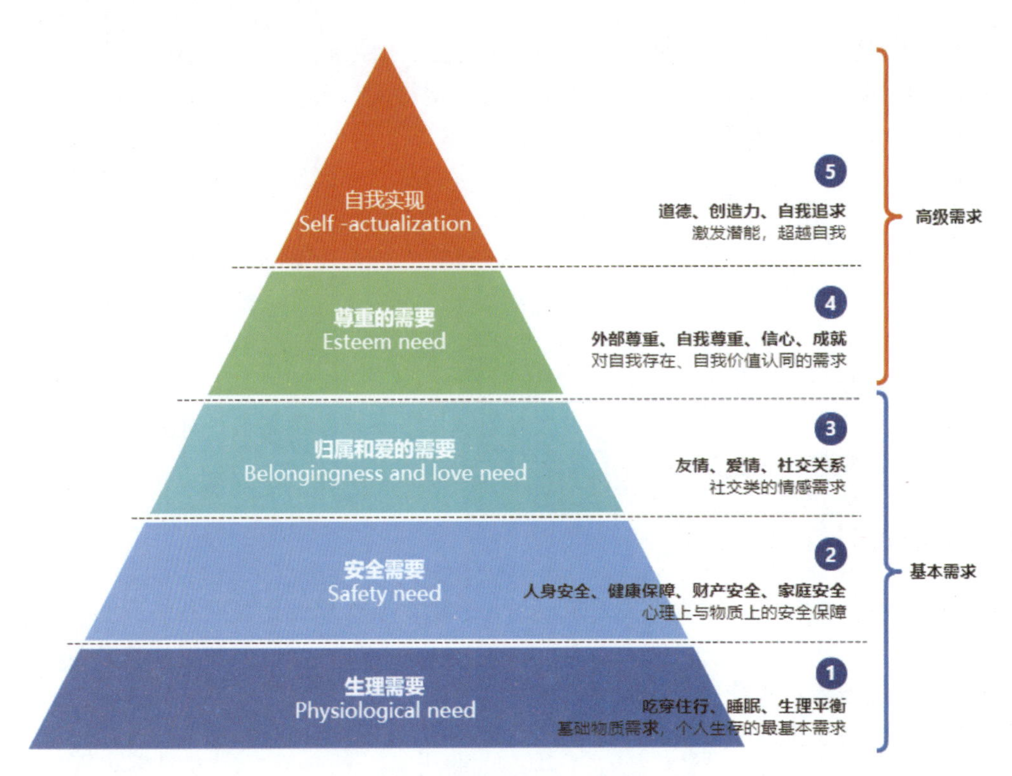

图2-3　马斯洛需求层次理论

图2-4　居住区景观

四、居住区景观中人性化设计的特性

(1) 安全性——安全是保证景观人性化的首要条件。

(2) 自然性——人是自然的一部分，人性化的景观是符合自然法则的一种体现，如中国传统景观的“天人合一”理念。

(3) 识别性——居民是环境的主体，赋予景观鲜明的特性或规律。

(4) 多样性——人性化的景观类型没有固定的模式，随着服务人群的年龄、喜好、习惯等要素而变化，中国古典园林中的“有法无式”就是这样。

五、人性化在居住区景观设计中的体现

1. 大门与入口人性化

居住区为形成一个相对独立的居住空间，外围都需要设置围护设施。大门或入口是建筑群体内外的分隔部件，起到分隔地段、空间的作用，是归家的第一感受，也是空间序列的起始。

在居住区景观设计中，首先，应该认识到，大门与入口作为联系内外空间的枢纽，是控制与组织人流集散、车辆进出的要道，应该有组织人流、车辆进出、管理房等功能，并使人与车辆的出入有一定的缓冲场地，以保证居住区交通安全。其次，大门与入口不是独立存在的建筑，它不只是某一建筑群中的单体，同样是一个重要的视觉中心，在满足其使用功能的同时，也要考虑大门及入口的风格，其体量、尺度、比例、色彩、质感等方面需与建筑环境保持协调统一(见图2-5)。

图2-5　居住区大门

2. 道路的人性化

对于居住区道路交通系统的人性化设计，既要符合我国居住区建设的相关设计规范，也要从实际出发，设计出符合居住区自身条件的交通系统，满足居民的人性化需求(如交通功能需求、安全需求、便捷需求和舒适性需求)使居民在道路通行中感受到安全、舒适与顺畅，要坚持以人为本的原则，营造和谐的人际交往生活空间和邻里环境。通常居住区的道路人性化大体可划分为区内主道路、组团道路以及园路的人性化(见图2-6)。

图2-6　居住区道路

3. 构筑物与景观小品的人性化

居住区的构筑物与景观小品在具有实用性的同时也要体现设计的美感及观赏性，尺度不宜过大，不宜过于偏激或低俗，要有人情味，在规划与设计中应当充分结合实际环境，考虑小区的特定文化和主题，使之各得其所、各显其能(见图2-7)。

图2-7　居住区的构筑物

应从居民使用需求出发来设计，主要通过设施的内容、使用频率与使用时间段、位置和距离与居住单元布置的相对关系来综合考虑。

充分考虑并结合人们在居住区环境内从事各种活动所需要的空间尺寸、面积、各种空间的接近程度、人流特点来设计。

与此同时还应该根据上述各种功能，归纳总结出居民在居住区景观中的“活动模式”，进而结合居住区景观构筑物与小品使用者的社会因素、心理因素以及文化因素去设计(见图2-8)。

图2-8　居住区的景观

4. 水景的人性化

优美的水景可以提升居住区的景观品质，因此，设计一些亲水空间，可以充分满足不同人群的亲水需求。

在入口设计中，采用造型高差变化的水景，在水景中增加点状植物，给整个入口增添了生机，也增加了水景的变化。为了保证安全，在水景两侧设计绿地，既安全又能提升观赏效果(见图2-9)。

图2-9 居住区的水景

5. 植物的人性化

植物在居住区景观的人性化设计中充当着非常重要的角色，在美化环境、增加绿化率的同时，还能遮阴、降噪、防尘、创造宜人的生态环境等。

居住区景观的建设，首先要考虑建造成本的经济性，其次要考虑建成使用后维护成本的经济性，这也是建设节约型社会的一种表现。因此，在应用植物绿化时要尽量避免种植奇花异草、选用名贵树种等，掌握好人所需求的尺度即可，重在体现功能实用性与艺术审美的需求(见图2-10)。

图2-10 居住区的植物

6. 无障碍设计的人性化

人文关怀是居住区景观设计中不可或缺的因素，鉴于小区内存在如残障、老幼等特殊人群，需特别注意无障碍设计(见图2-11)。各个绿地广场的入口与通道以及休闲凉亭等平面应该保证平缓防滑，高度有落差变化时应当设置轮椅坡道及扶手，座椅的旁边设置轮椅停靠区域，公共绿地及儿童娱乐场所的入口都应当设置安全设施。

7. 便民设施的人性化

在居住区景观规划时，应注重居民生活的便捷性。在老年活动区设置集饮水、洗手池、垃圾桶于一体的生活设施；在入户门处设置垃圾桶、拖把池，在儿童活动区设置婴儿车停车位等，既对卫生环境影响较小，也满足生活方便的要求(见图2-12)。

图2-11　居住区的无障碍设计

图2-12　居住区的便民设施

第二节　生态设计理念

生态设计也称绿色设计、生命周期设计、环境设计，是指将环境因素纳入设计之中，使其成为设计的方向和理念。生态设计主要包含两方面的含义：一是生态的字面意义，从保护环境角度考虑，减少资源消耗，实现可持续发展战略；二是生态的宏观意义，从更宏观的角度考虑，提升空间利用价值，降低成本，减少潜在的责任风险，以提高项目的商业竞争能力(见图2-13)。

图2-13　居住区的生态

在居住区景观设计中不可缺失的是生态设计原则，即使居住区中的生态环境形成一种共生的意境，从而使居住区中的人与自然和谐相处。基于城市小区景观发育的特定条件，生态设计原则应考虑自然、经济、社会三个层次，它们共同形成小区景观设计的生态原则(见图2-14)。

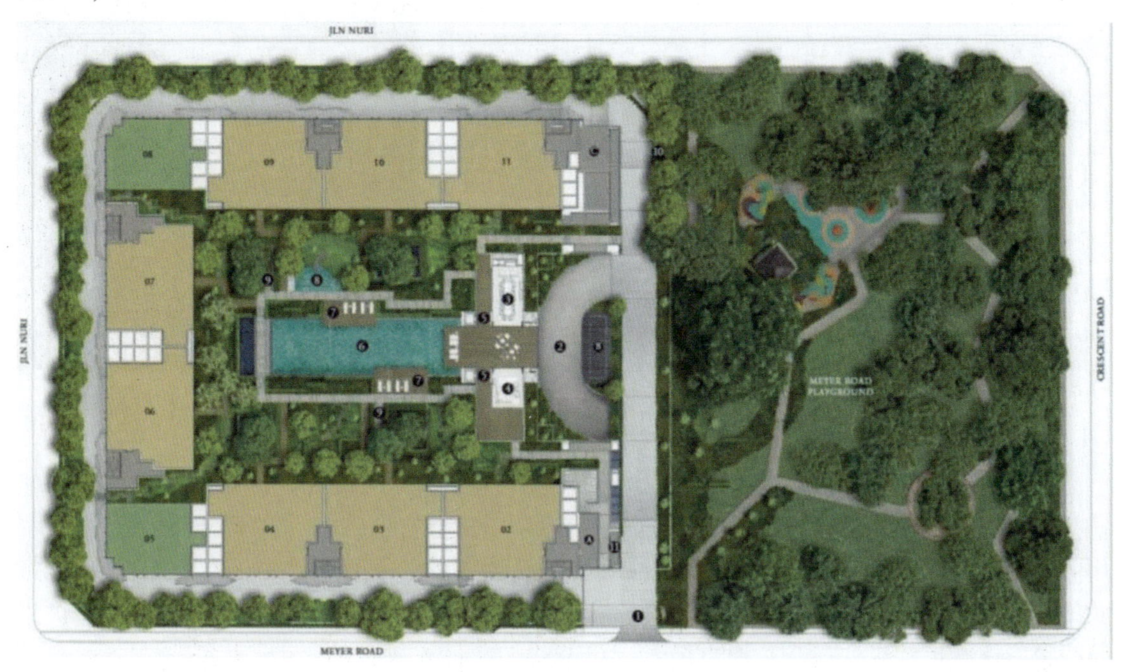

图2-14　居住区的生态设计

一、自然生态原则

自然生态原则的主要内容是设计应结合自然，以尊重自然、保护自然为主，适度改造为辅，充分利用现有的自然条件，尽量减少对原始自然环境的变动，并且要尽可能地对人为破坏做出恢复与补偿，减少对自然环境造成的消极影响，最大限度缓解人为因素对自然系统造成的压力和破坏。自然生态原则主要体现在以下四个方面。

1. 利用自然、彰显自然

自然生态系统生生不息，不知疲倦地为维持人类生存和发展提供各种生态服务，如对空气和水的净化、废弃物的降解和脱毒、土壤肥力的再生、养分的输送、生物多样性的维持、湿度和温度的调节、维护文化的多样性等。自然界具有自组织或自我设计能力，事实上，整个地球都是在一种自然的、自我的设计中生存和延续的。在居住区景观设计中，要强调自然的能动性，但不是片面地追求“纯自然”的自我设计，因为小区环境是以人的参与与活动为主要特征的。但是如果我们在小区水环境污染的治理、废弃景观的恢复，以及地方性多样化的生物群落的建立等方面，能适当地利用自然系统的自我设计和更新能力，就能营造出可持续的、具有丰富物种和生命力的小区(见图2-15)。

2. 人与自然和谐共生

人与自然是和谐共生的关系，理想的小区户外景观应该是人与其他生物互惠共生，天然和人工能源高效利用，空气新鲜，水资源循环利用，土壤状态优良，自然光充足，废弃物妥善处置，是一个具有最佳的资源利用的生态化的居住区景观环境。

图2-15　居住区的自然生态1

3. 减少资源消耗

居住区中物质和能量流动都是一个单向不闭合的过程，即资源—加工—使用—废弃。在居住区户外景观中，应当尽可能使一个系统的产出废物可以成为另一系统的投入原料，使得生态系统中资源和能源的耗费降至最低。

4. 创造人工化的自然环境

居住区是一个人工生态系统，其景观的构建应该模仿自然群落的结构和特征，按照自然群落交替的规律和负反馈调节的机制，保证生态系统交替的稳定性。小区户外景观应充分利用各种现代人工技术和手段来创造人工化自然，根据生态学原理，在生物种群和群落的配置及地形地貌、水体等设置方面模仿自然生态景观，尽可能赋予小区景观自然的特征，塑造出具有自然特色和艺术化的居住空间(见图2-16)。

图2-16　居住区的自然生态2

二、社会生态原则

在设计中，要以人为本，满足不同人的物质文化需求，提高居民的生活品质。同时，也要注重地域文化和社会环境的共同进步。社会生态原则主要有以下三个方面。

1. 以人为本

居住区的户外景观归根结底都是为居民服务的，所以在设计中必须坚持以人为本的原则，通过科学有效的规划和设计，使居住区户外景观既能满足人的生理要求，又能满足人的心理需求，实现环境的经济效益、社会效益和生态效益最大化。

2. 体现地方特色和历史文化内涵

小区户外景观的生态化设计，应当结合场地气候、地形地貌特点，充分利用地方性材料，对地域文化、历史文脉等诸多因素进行综合分析，加强人们的地域认同感和归属感，改善生活环境的综合品质，保持历史文化与环境的连续性，创造出富有灵魂的理想生活环境(见图2-17)。

图2-17　居住区的自然生态3

3. 鼓励人人参与设计

营造生态化的居住区户外景观是一项复杂、综合的工程，需要发挥人的主观能动性，集思广益，才能创造出更为人性、更为合理的居住区户外空间。

三、经济生态原则

经济生态原则强调的是不能仅考虑短期经济成本和效益，而应该从长远的时间和区域跨度中分析环境的经济和生态效益，采用节约资源、提高资源利用率及减少浪费等的设计思想，从而促进生态型经济的形成，如以低能耗低污染为基础的低碳经济，并提出相应的对策或技术措施。在这一原则中，最重要的就是提倡原则，即提倡减少使用、再利用、循环使用。

1. 减少使用

尽可能减少包括能源、土地、水等非再生资源的使用，同时注意提高使用效率。设计中合理地利用自然，如光、风、水等，可以大大减少能源的使用，这对自然资源的有效利用和保护环境有着极其重要的作用。同时，新技术的运用，往往可以数以倍计地减少能源和资源的消耗。

2. 再利用

利用废弃的土地、原有材料，包括植被、土壤、砖石等服务新的功能，可以大大节约资源和能源的耗费。例如土地是我们一切生活的根基，是不可再生的资源，但土地的利用方式和属性是可以再生的。随着城市景观的发展，大地上的每一寸土地的属性都在发生着深刻的变化。昔日高密度中心城区的大面积铺装可能或迟或早会重新变为森林或高产的农田，已经填去的水系会被重新恢复。

3. 循环使用

在自然系统中，自然界本身是没有废物的，其物质和能量流动是一个“源—消费中心—汇”构成的首尾相接的闭合循环过程。但居住区生态系统中的物质和能量流动却是单向不闭合的，因此产生了垃圾和废物，造成对自然生态环境的污染和破坏。

在居住区生态系统中，建立循环或者部分自循环系统来减少资源输入和浪费，减小对环境的压力和负荷，如垃圾生物处理后再利用等，有助于将能源和资源的损耗降至最低。

四、复合生态原则

设计要同时考虑自然、经济、社会的多种要素，寻求一个平衡点，实现各系统的协调发展，从而实现生态效益、社会效益和经济效益的最大化(见图2-18)。

图2-18 居住区的自然生态4

五、生态设计手法

1. 生态自组织性设计

居住区中的生态设计是具有能动性和自组织能力的。生态自组织性设计就是充分发挥自然的自组织能力，通过生态技术使小区内的景观区域能够摆脱对人工体系的高度依赖。

2. 生态地方性设计

生态地方性设计包含尊重当地文化、尊重场所，以及运用当地材料等内容。当地文化包含了长久以来当地居民对于场所的有机衍生和积淀，能够凸显居住区景观的特色。

同时，设计应结合该地区的自然特征，以及本地建材和当地植物的运用，这样不但可以维护场所健康，还可以降低维护植物的成本。

3. 生态显露性设计

现代城市居民离自然越来越远，自然元素和自然过程日趋隐形。生态显露性设计，即“显露和解释生态现象、过程和关系的景观设计”。 它包括显示出隐藏的系统和过程，显示出人类曾有过的历史和足迹。

设计不应该只设计景观的形式、功能，更应该通过生态景观的设计拉近人们与自然的距离，唤醒人们的生态意识，引导人们加强生态保护(见图2-19)。

图2-19 居住区的生态显露性设计

第三节 场所精神原则

居住区作为人居环境中最直接的空间，为人们提供休息、恢复的场所，能够使人们的心灵和身体得到放松。随着经济社会的发展，居民生活质量要求的提高，人们普遍追求营造高品质的小区环境。场所精神通常指空间中的气质与品位，实质上是能给人心灵以震撼的空间艺术，一种潜在的、无形的精神，是城市开放空间环境艺术的最高境界。居住区中景观设计的场所精神是指景观设计艺术的体现、生命力体现。它是在满足于形式、功能的前提下，一种思想的升华，它的产生需要人的参与。因此，场所精神表现为人文的特性，归属于情感的范畴。1979年，舒尔茨提出了“场所精神”。场所在某种意义上是人对一个地方记忆的物体化和空间化，也可以解释为对该地方的认同感和归属感。场所精神听起来非常抽象，却可以用非常具象的方式表达。比如，可以从材质选择、颜色搭配、结构组合、阳光强度、水的声音、风的感觉等方面来体现场所精神(见图2-20)。

图2-20　场所设计1

一、场所精神来源

场所精神即赋予人和场所生命。可以从空间到场所、场所的结构、场所的内涵和场所的自明性几个方面来描述场所以及场所精神。

二、场所精神的感知与认同

大量来自心理学尤其是环境心理学领域的研究材料，探讨了人们认识和理解空间环境的尺度和过程。人们不仅从感官上，而且更重要的是从心灵上认识和理解自身所处的具体空间和特征。人们对周围环境的心理和经历联系主要表现为感知和认同两个阶段。概括地来说，感知就是人们在空间环境中确定自己的位置，建立自身与周围环境的相互位置关系；认同是在明确认识和理解空间环境的特征和气氛的基础上，确定自己的空间归属，即与环境建立十分密切的联系。换句话说，感知就是感觉和认知人和空间的关系，认同就是分析和评价环境质量。通过感知与认同，人们与周围环境建立起相应的关系。

1. 感知

我们能适应环境是因为能够认识自己周围的事物，包括对环境信息的接收、识别、存储、加工等过程。一般来讲，对环境信息的接收和识别就是感觉和知觉。心理学上常将感觉和知觉合称为感知，感知是人和环境联系的最基本的机制。就城市来说，感知是由一系列的认知所形成的。视觉对建筑环境的感受最敏锐，视觉世界是有立体感和深远感的。这帮助我们观察和认识城市建筑环境(见图2-21)。

图2-21　场所设计2

2. 认同

认同是将认知提升为肯定情感的过程。要理解认同，首先要了解认知。环境认知研究的是人们识别和理解环境的规律。认知在心理学上是指当感知过的事物重新出现在眼前时，觉得熟悉并确认是以前感知过的事物的心理过程。心理学认为，人与环境的交往传递机制，认知是关键。环境认知参与了对环境进行分类的过程，构成了对环境总体的描绘(见图2-22)。

图2-22　场所设计3

第三章 居住区景观设计方法和程序

学习要点及目标

- 了解具体的居住区景观设计程序和表现方法。
- 由抽象到具体，由理论到实践，掌握居住区景观设计要点。

微课

居住区景观设计的方法和程序是开展相关设计实践工作的基础，掌握科学有效的设计方法以及设计程序是做出一份优秀作品的前提和保障。一份优秀的设计作品，必然有一套科学合理、严谨有序的操作程序贯穿其中。设计阶段会因不同的设计项目、设计者和时间要求而有所区分，基本上可以划分为几大阶段：前期调研与分析、设计主题确立与功能定位、方案概念设计、方案深化与分析、设计文本出图。

接到项目的任务书后，第一阶段便应该着力对居住区的场地进行全面、系统、综合的调研与分析，以获取更加充分、可靠的场地信息；第二阶段便需要以前期的调研与分析为基本导向，以解决和协调场地与项目目标之间的问题为最终目标，确定该居住区相应的设计主题与功能定位；第三至第四阶段需要设计者具有跨学科的思维，综合运用相关思维模式，从感性认识上升到理性认识，将概念构思落到实处，诸如地形地貌、土壤气候、水体、植被绿化、道路与节点、基础功能设施、景观建筑及构筑物、景观艺术装置等居住区景观要素的整体协调和规划；最后阶段提交设计文本，文本包括封面、目录、项目背景、前期分析、设计理念及策略、案例分析、整体景观设计、节点设计、专项设计等。

第一节 前期调研与分析

前期调研与分析是居住区景观设计的前提与基础，这一阶段的具体内容主要包含场地调研、场地资料整理与分析等过程，该阶段是后期设计的重要依据。不同的居住区景观设计，调研内容会有所不同。

一、场地调研

在进行设计构思之前，设计师应对设计场地进行现场调查，以获取直观的场地信息。首先要确定调研的目的和任务，安排调研计划，制定调研进度表及具体内容。场地调研的具体内容主要包括：环境变迁、存在问题及矛盾、人文特征、自然条件、建筑环境特质、行政数据、位置关系等(见图3-1)。

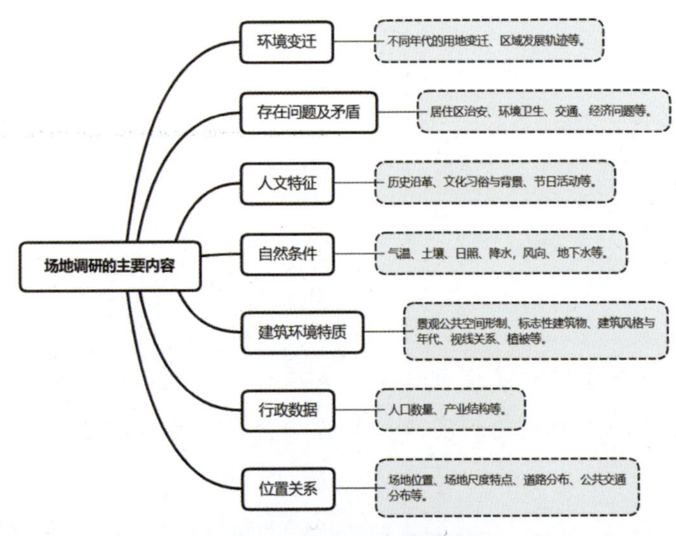

图3-1　场地调研的主要内容

二、场地资料整理与分析

场地资料整理与分析主要是将收集好的场地资料和调研资料进行编码、归类，而后对其进行系统的分析和评价，是对问题的认识和分析过程。对问题有了全面透彻的分析后，场地的功能和设计的内容也会变得清晰明了，从而能够得出具有针对性的景观设计策略。在科技进步带来的“文化趋同”态势下，尊重自然、保持景观特质、凸显地域文化，成为当代居住区景观设计的重要部分。

例如，在分析场地资料时，可充分挖掘其地域文化，以实体形式存在的历史文化资源，如诗联匾额、文物古迹、壁画雕刻等，以及以虚体形式存在的名人事迹、民俗风情、文学艺术作品等，都可为居住区景观提供主题索引。故而景观主题的准确定位就不再是一个棘手的难题了。再如，场地内的植物与环境联系尤为紧密，场地现状对植物的选择、生长周期、植物景观营造等具有重要的影响，这就要求将植物的前期调研与分析做到位。

第二节 设计主题确立与功能定位

根据前期调研与分析，从而可以基本把握场地存在的问题、如何解决问题、将要达成的目标及居住区内居民的心理需求和活动方式，从而提出居住区景观设计的主题。

一、设计主题

一个居住区的景观设计，首先要做到与建筑规划的协调，把握居住区设计的整体风格，景观设计必须呼应这个设计整体风格。根据不同居住区设计风格来产生不同的景观配置效果。现代风格的住宅适宜采用现代景观造园手法，运用极具现代感的设计语言和方法。例如，宁波堇麟上府集合当代居住的场景感受，对未来生活进行探索与创新，从场地的特性考量到生活质感的提升，让生活在高速节奏中的人们，有一次放松心灵的场景体验，重寻孩童时期无忧无虑的快乐生活(见图3-2)。地方风格的住宅则宜采取具有地域特色和历史语言的景观造园思路和手法，如西安锦麟天玺旨在向外界传递古都风韵下的东方特点与东方印象，构建诗词画境般的现代栖息场所——“亦官亦隐、进可庙堂、退可山野”(见图3-3)。

图3-2　宁波堇麟上府(上海栖地景观设计)

图3-3　西安锦麟天玺(深圳市壹安设计)

二、功能定位

居住区最快速、直接的印象取决于它独特的外观物质形态，而这主要是与居住区的居住功能及其以外具有的其他功能无法分割的。功能定位的不同能够决定居住区不同的景观特色和布局结构。例如滨海城市的居住区，其功能除了居住地之外，很多还是旅游和休闲的胜地，因此它的特性正是围绕着这一功能要点，突出起伏的波涛与休闲静谧的氛围；而在历史悠久的街区，由于要保护区域内弥足珍贵的历史古迹，因此该地道路、住宅的布局、使用的设计风格、色彩搭配等就要与原有历史遗存风貌相协调、统一，达到历史保护的功能要求。

功能定位的目的，是确定居住区景观设计的主要功能与使用空间是否能够达到最佳的利用率，力求将不同的功能设置到不同版块中，使形式与功能成为系统的整体。城市居住区内部有住宅、道路网络、公共绿地、基础功能设施和休闲娱乐设施等，居住区与居住区之间往往配套有大型公共服务，如疗养服务、教育机构、购物中心、市政管理等。

除此以外，设计师必须还要考虑下列问题：

(1) 功能对应何种空间，同时与其他空间如何衔接，是否需要遮挡或阻隔；

(2) 不同功能空间间隔距离的远近问题；

(3) 空间开敞性或封闭性的把握；

(4) 从某一空间行走至另一空间，路线宜迂回曲折、直接或从边缘通过；
(5) 不同功能空间所针对的人群是否具有区别性。

第三节 由概念到设计

心理学认为，概念是人对能代表某种事物或发展过程的特点及意义所形成的思维结论。设计概念，就是设计者针对设计所产生的诸多感性认识进行归纳与抽象提炼，从感性认识上升到理性认识所产生的思维总结。

在追求差异化和个性化的市场环境内，概念创新已经成为设计不可或缺的一部分，但是在诸多情况下，想要将概念创新较为完美地贯穿于居住景观设计之中是较为艰难的，因为无论是何种景观设计在形式上都有多种可能性，形式的确定便成为了关键的一环，即把概念转化为特定的、具体的景观空间组织形式。由此可知，立意是景观空间设计要素的灵魂，这便反映出造园所讲究的“意在笔先”。所以，在设计的前期阶段，设计者必须对将要进行的居住区景观项目做出周密的调查与策划，将客户需求、总体目标、文化内涵、地域特色等分析整合，才能够提炼出最佳的设计概念。如果将设计比作一篇文章，那么设计概念则应当是该文章的骨骼，设计要围绕此概念进行展开，它将影响着设计的方方面面。

重庆麓悦江城建于山地之上，存在着近40米的高差，极具重庆山地特色。在概念上，想要呈现奇幻森林的氛围感，故在景观空间的具体设计上完成了场地与森林意境的融合。设计从空间的开合、野趣风格与漂浮感入手，利用天然的木、石、雾等景观元素，营造野趣、原始的场地氛围感。同时，种植低矮的灌木球，遮蔽底部的边角，也能够更加凸显奇幻森林这一概念(见图3-4)。

北京市丰台区长辛店镇辛庄村东北部的低成本回迁社区生态景观营造，运用现代景观设计的手法，力图打造“乡土”这一概念，并创新地以望山、依山、居山、乐山为主线贯穿于社区景观设计之中，从而唤起居民对场地的记忆、对自然的渴望、对聚居的向往，唤回丢失已久的乡愁。设计师又提出“5L”概念来提升并续写场地内的人文及自然优势，它们分别是当地文化(Local culture)、场地记忆(Local memory)、就地取材(Local material)、低维护(Low maintenance)、低成本(Low cost)(见图3-5～图3-7)。

图3-4　重庆麓悦江城(WTD纬图设计)

图3-4　重庆麓悦江城(WTD纬图设计)(续)

图3-5　设计概念(中国建筑设计研究院有限公司设计)

图3-6　竹廊唤起场地记忆

图3-7　本土植物和材料降低建造和维护成本

第四节　景观要素设计

居住区景观要素与其他类型的景观设计项目相似，也包含地形地貌、土壤气候、水体、植被绿化、道路与节点、基础功能设施、景观建筑及构筑物、景观艺术装置等。不同的是，居住景观中景观要素的针对人群是相对较为稳定的，要以满足生活、休闲为核心进行方案设计。在不同的居住区项目中，会有不同的自然条件、城市环境和业主特征，所以，居住区景观设计需要以这些客观前提为基础，合理、适度地利用景观要素营造环境。

一、地形要素

地形能够为植物要素提供土壤，为景观空间提供场地，为建筑要素提供地基。地形是居住区景观设计中最为基本的要素，也是景观的基本骨架。地形要素同样影响着景观中的其他因素，如植物的营造、微气候的营造、水体的营造、构筑物的建造、生物群体的兴盛等，设计要素在地形上形成空间，根据地形的高差，又可分为凸地形、平坦地形、凹地形和微地形(见图3-8和图3-9)。

在居住区的地形设计中，尽量尊重场地的原有地形，适当进行挖填土方，以保持土方平衡。地形的设计应与小区整体概念风格相协调，若体现简洁大气的现代风格，则应设置开阔的阳光草坪，并配以起伏感不大的微地形，营造植物上层的林冠线，从而形成开阔空间与封闭空间的对比，控制观景视线；若体现恢宏庄重的欧式风格，则应设置高差较大的硬质铺装，拾级而上，形成挡土墙和坡地。

图3-8　利用地形的微高差形成叠水景观(成都锦瑭养老社区)

图3-9　以波澜起伏的地形作为空间的主要景观元素(重庆万科天空之城)

二、植物要素

居住区绿化设计是综合性的。植被绿化不仅可以调节空气湿度、温度和流动的状态，还可以调节风速、防风固沙、改善气候环境。绿色植物以其生动的色彩、有机的自然形态、可塑性极高的特性软化了建筑及构筑物的刚直、理性，可以较好地展现自然之美，体现人与自然的和谐关系，丰富小区景观的空间层次。

居住环境的植物配置应根据土壤、气候、水源等自然条件来选择能够健壮生长的树种，尽可能使其发挥最佳的生态效益。道路两旁种植阵列式乔木遮阴，根据道路的宽窄，可选择生长健壮、便于管理、树冠大、枝叶茂密的乔木。在夏天，居住区可以拥有大面积的遮阴，还能吸附灰尘和减少噪声，净化空气，冬季又可以享受阳光。种植方式应随场地的规模和功能而定，同时要注重营造植物要素的全感官体验，如嗅觉体验、视觉体验和味觉体验。植物搭配的方法多种多样，可以体现主题化，如打造薰衣草园、荷花池、白桦林、玫瑰园等主题植物园，通过体量营造震撼的效果；还可以遵循水平和垂直相结合的原则，如垂直绿化有围墙绿化、屋顶绿化等类型，综合利用地被植物、乔木花草塑造层次感，可以实现绿化的生态性与艺术性相结合，从而提高现代居住环境的观赏性与生活质量(见图3-10和图3-11)。

图3-10　五感香槟花园(卓越东莞晴熙云翠)

图3-11　植物多样化为动物提供生境(泰国金钥匙幸福小镇养老社区)

三、水体要素

水是万物之源，是所有生物赖以生存的基本条件，是景观设计中永恒的要素，流淌的水体沁润心田，静态的水体平静壮阔。在小区景观设计中运用水体的设计形式、造景方法和视觉感受来创造新颖的水景观，既能够为景观设计带来不同凡响的生机与自然魅力，又能改善居住区生态环境，如保持空气湿度、调节小气候和增加空间负氧离子等。

图3-12　生态式水景

居住区常用的水景形式，按照其主要功能可大致归为三类。第一类是生态式水景，可以调节气候，减少噪声，改善生态环境。第二类是体验式水景，如亲水池、旱喷与景观泳池等，面积较大，有的会具有明确主题，在满足人们互动和参与的同时，增加景观的趣味性，所以营建水景时，应考虑水景设计的场所位置、使用人群、水景设计的意义，以及是作为环境中的主要景观焦点存在还是仅为连接景观中各节点的纽带。第三类是点式水景，可以点缀景观空间，以灵动小巧为特色，如喷泉、涌泉、镜面水、叠水(见图3-12～图3-14)。

图3-13　体验式水景

图3-14　点式水景

四、道路铺装要素

道路是居住区的主要构架，具有疏导交通组织空间、点缀景观空间的作用，优秀的道路系统设计也能成为居住区的靓丽风景线。

道路设计按照其功能划分，可以分为小区级道路、组团路、宅间路和步行景观道路。创造一个恰当的道路系统，可以引导居民经过潜在的活动区域，也可以将居民引入到不同场所中进行交流。因而在设置景观道路时，公共活动场所应作为焦点，同时要方便居民进出这些场所，即道路与公共活动场所的有机结合。

铺装设计是指在园路、广场、平台等处的表面铺贴装饰，贯穿于居民参观游览全过程，具有分割空间、组织路线和提供场地的功能作用。铺装材质的变化可以美化居住区的景观，施工品质的高低直接影响其整体形象。在进行铺装设计时，有必要对道路的曲直、宽窄、材质等进行综合考量，以赋予道路美感，较为顺直的内干路适宜用混凝土、沥青等耐压材质铺就；富于变化的宅间路适宜用石板、砖材、砾石等材质铺就；舒适的休闲场地适宜用柔软自然的木材铺就。

铺装的色彩、质感、肌理和尺度的变化，道路的对景和远景设计，会给场地和人的心理形成不同的感受，呈现出步移景移的效果(见图3-15)。

图3-15　不同的道路铺装设计

五、小品要素

小品在居住区的硬质景观设计中占据极其重要的地位。精心设计的小品往往能成为视觉的中心和小区的标识，起到画龙点睛的作用，还能通过小品的艺术人文精神深化整体的景观设计内涵，达到人、景观、情感、精神的互联互通。

居住区的小品可大致归为三类：雕塑小品、园艺小品和设施小品。第一类，雕塑小品的材质种类较多，有钢雕、石雕、铜雕、木雕、玻璃钢雕等，根据其风格，又可分为抽象雕塑和具象雕塑；第二类，园艺小品在当今的居住区绿化中，呈现出多样化的趋势，景墙、水池、块石、花池、座椅等，都可能作为居住区景观的配景，有的充当观赏品，有的则具有休闲功能；第三类，设施小品包含甚广，如路灯、导向牌、垃圾桶、公告栏、门牌、自行车棚、电话亭、信报箱等都包含在其中，由此还可进一步划分，如灯具又可分为主干道灯、广场灯、庭院灯、建筑轮廓灯、门灯、草坪灯、泛射灯、广告霓虹灯等，这些灯具的造型日趋精致美观，成为居住区不可或缺的点缀品。综上所述，小品若经过精心设计也能成为居住区环境中的闪光点，体现“于细微处见精神”的设计(见图3-16)。

图3-16　不同的小品设计

第五节 设计方案分析

设计方案分析图是设计师在做设计的过程中十分重要的图纸，不光可以出现在设计的前期概念中，还可以出现在设计生成、方案深化、设计表达展示等阶段。第一，可以帮助设计师更好地生成概念方案；第二，可以协助设计师较好地向他人展现和表达设计概念。方案分析图是设计师对设计方案的解读和展示，是从各个层面和角度展现设计概念是如何应用在设计中的(见图3-17～图3-19)。

分析图一般有以下几项：人行流线分析图、车行流线分析图、消防分析图、竖向分析图、景观分析图、日照分析图、户型分布图(见图3-20)。

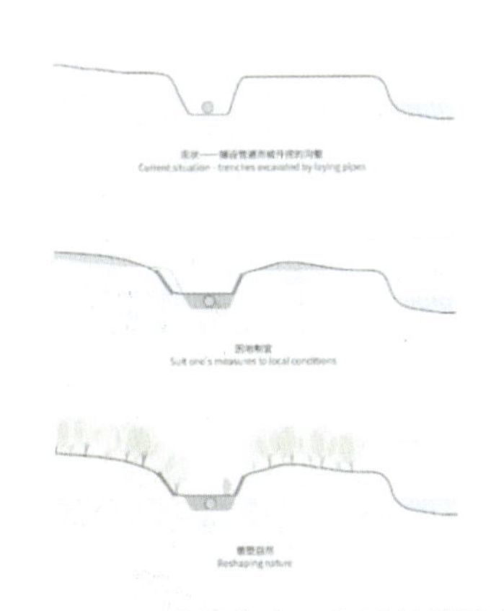

图3-17　重庆融创曲水风和设计推演分析(承迹景观设计)

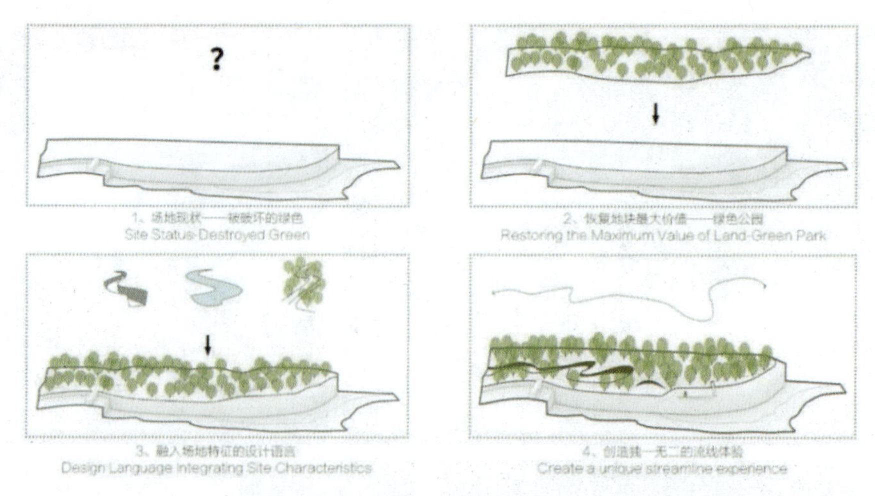

图3-17　重庆融创曲水风和设计推演分析(承迹景观设计)(续)

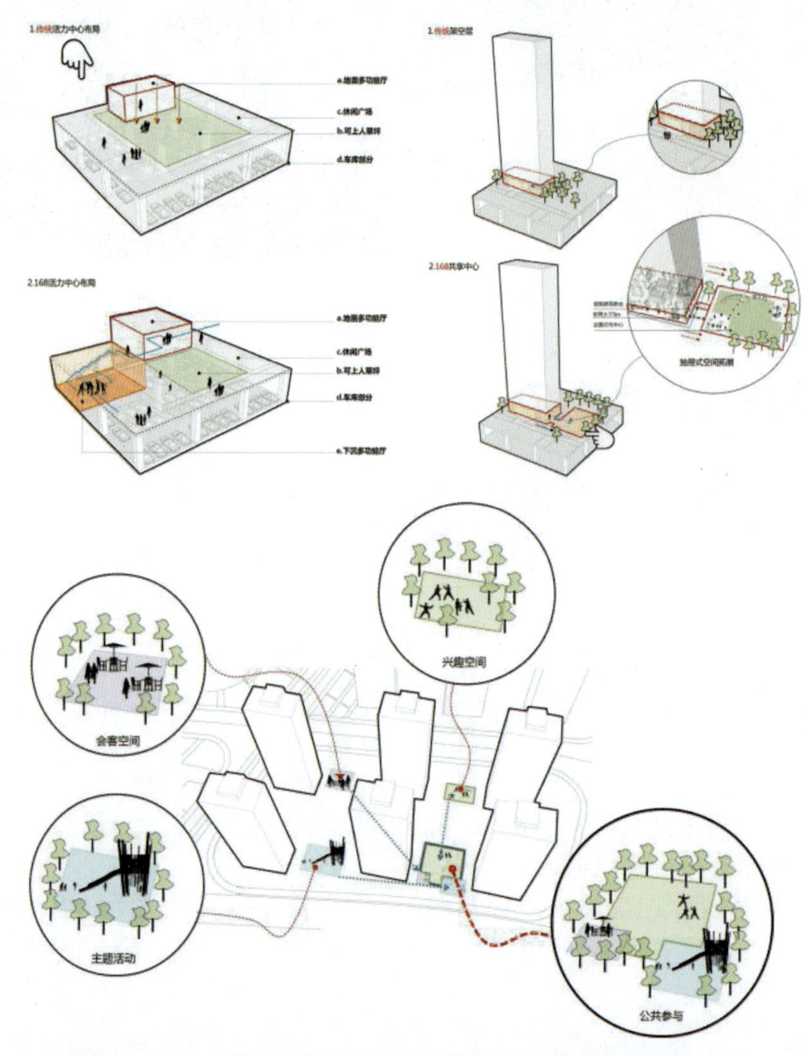

图3-18　重庆万科重塑未来社区景观空间生成分析(尚源景观设计)

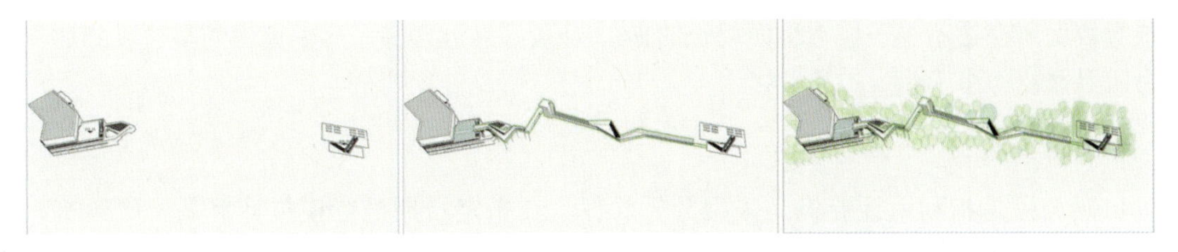

图3-19　重庆万科城市花园设计概念图(尚源景观设计)

图3-20　长沙中航美村三期展示区景观方案深化分析(张唐景观设计)

1. 人行流线分析图

人行流线分析图较为简单，通常包括：①小区出入口，一般为二至三个，这样既能够保证流线通顺，又能够方便管理，除此之外，也要注意消防用的紧急出入口设置；②市政道路，是小区周围已建成或规划好的、由政府建设的道路；③商业人行流线，通常情况下，在小区出入口附近或沿街道路会设有底层商业，需要对商业人行流线进行标识；④小区内人行道路，主要为小区内部的人行道路，通常画到入户处即可。

2. 车行流线分析图

车行流线分析图通常包含市政道路、小区出入口、车库出入口、车行流线、地下车库范围等。

3. 消防分析图

消防分析图通常包含小区出入口、紧急出入口、市政道路、消防通道、消防登高面等。

一般登高面所在边不小于住宅平面周长的1/4，且最好靠近楼梯，应保证消防车可以到达，即无台阶且路宽不小于4米。

4. 日照分析图

日照分析是指利用计算机，采用分析软件，在指定日期进行模拟计算某一层建筑、高层建筑群对其北侧某一规划或保留地块的建筑、建筑部分层次的日照影响情况或日照时数情况。日照分析适用于拟建高层建筑，多层建筑不作日照分析，根据技术管理规定要求按日照间距控制。根据国家有关规范，应满足受遮挡居住建筑的居室在大寒日的有效日照不低于两小时。

5. 竖向分析图

竖向分析图既不是立面图，也不是剖面图，竖向设计是依据场地的原始地形与地貌，将平面方案控制在合理的高程点。竖向设计原则有：①充分利用自然地形地貌，减少挖填土方；②合理组织地面排水，良好地控制道路坡度；③对绿化种植方案的视觉效果进行考量。设计的竖向分析图也就是在平面定位图的基础上标明各控制点的标高，可以是绝对标高，也可以是相对标高。

6. 景观分析图

景观分析图通常包含景观中心、景观轴线、景观节点、组团景观、公共绿地、视觉通廊等，还可以配有配套设施示意图。

7. 户型分布图

户型分布图就是住房的平面空间布局图，即对各个独立空间的使用功能、相应位置、大小进行描述的图形。可以直观地看清房屋的走向布局。在户型图中显示的开间、进深非常重要，如果进深过深，开间狭窄，不利于采光、通风。

第六节 设计文本出图

一套完整的居住区景观方案文本包括封面、目录、项目背景、前期分析、设计理念及策略、案例分析、整体景观设计、节点设计、植物设计、灯光设计、景观小品设计、标识系统设计、铺装设计等。

1. 封面与目录

封面与目录应当简洁、大方，凸显项目特点。封面内容通常包括底图、项目名称、公司名称及Logo、完成日期。目录要将文本的主要内容进行提炼，设计风格保持一致(见图3-21和图3-22)。

2. 前期分析

根据场地的尺度和设计侧重点的不同，一般前期可以得出以下分析图：项目介绍、所在区位、周边环境、道路交通、设计风格、景观轴线、空间开合、建筑功能属性、消防通道、人群定位、设计亮点、景观设计特色等(见图3-23和图3-24)。

图3-21　封面

图3-22　目录

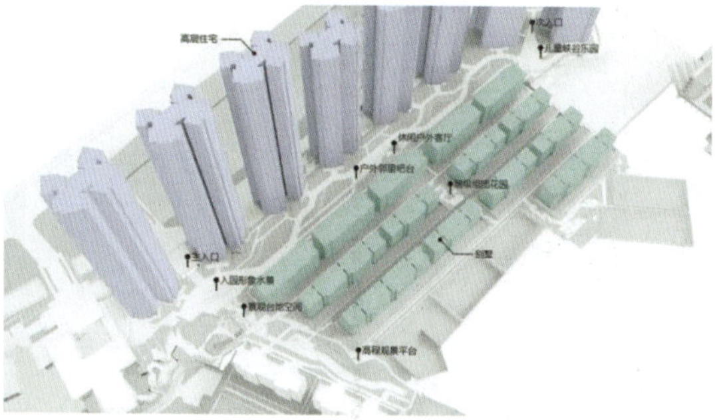

图3-23　场地分析

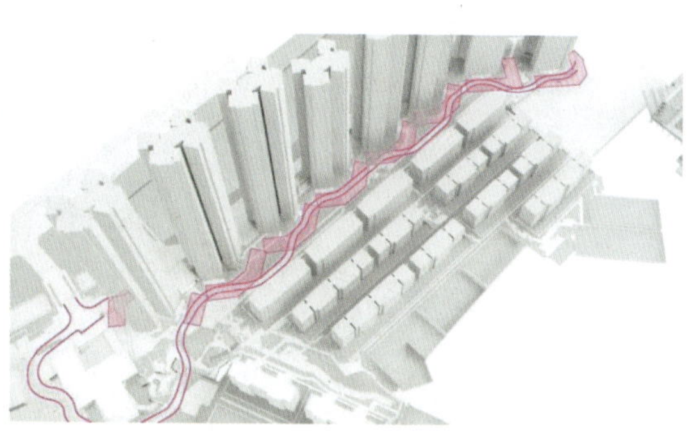

图3-24　消防分析

3. 设计理念及策略

结合项目定位，由抽象到具象，展现设计理念及策略，需富有感染力(见图3-25和图3-26)。

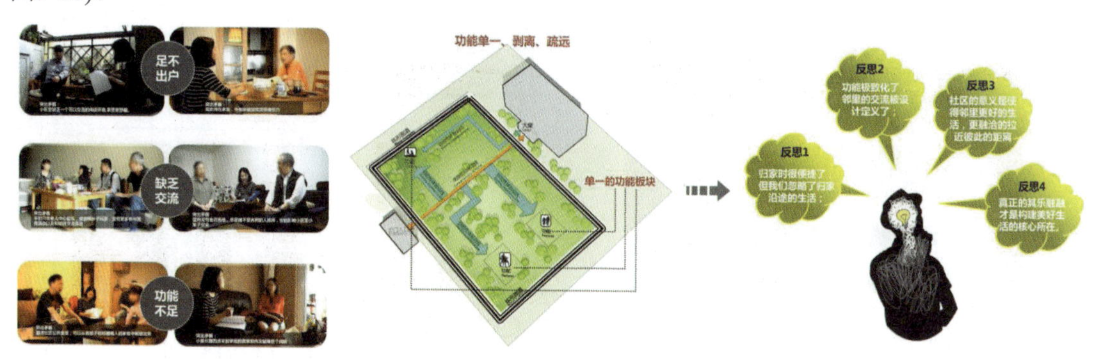

图3-25　设计理念及策略(尚源景观设计)

4. 案例分析

充分的案例分析能够增加设计方案的说服力，说明可行性(见图3-27)。

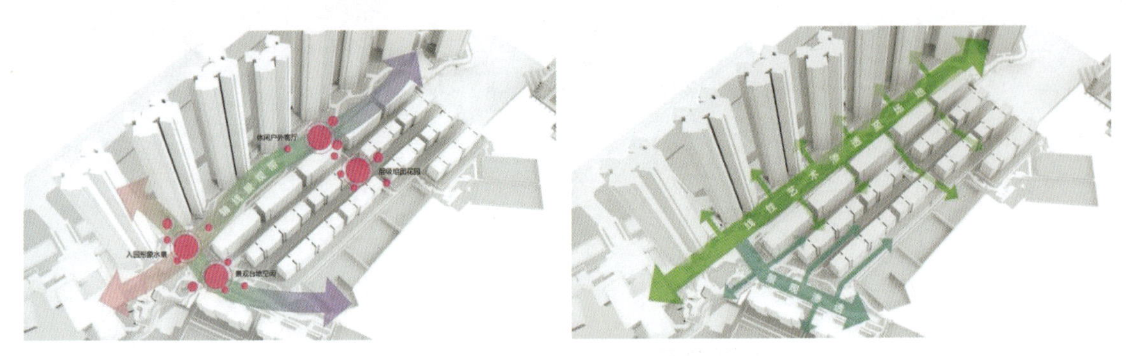

图3-26　设计策略(广州龙湖云峰原著/Lab D+H设计)

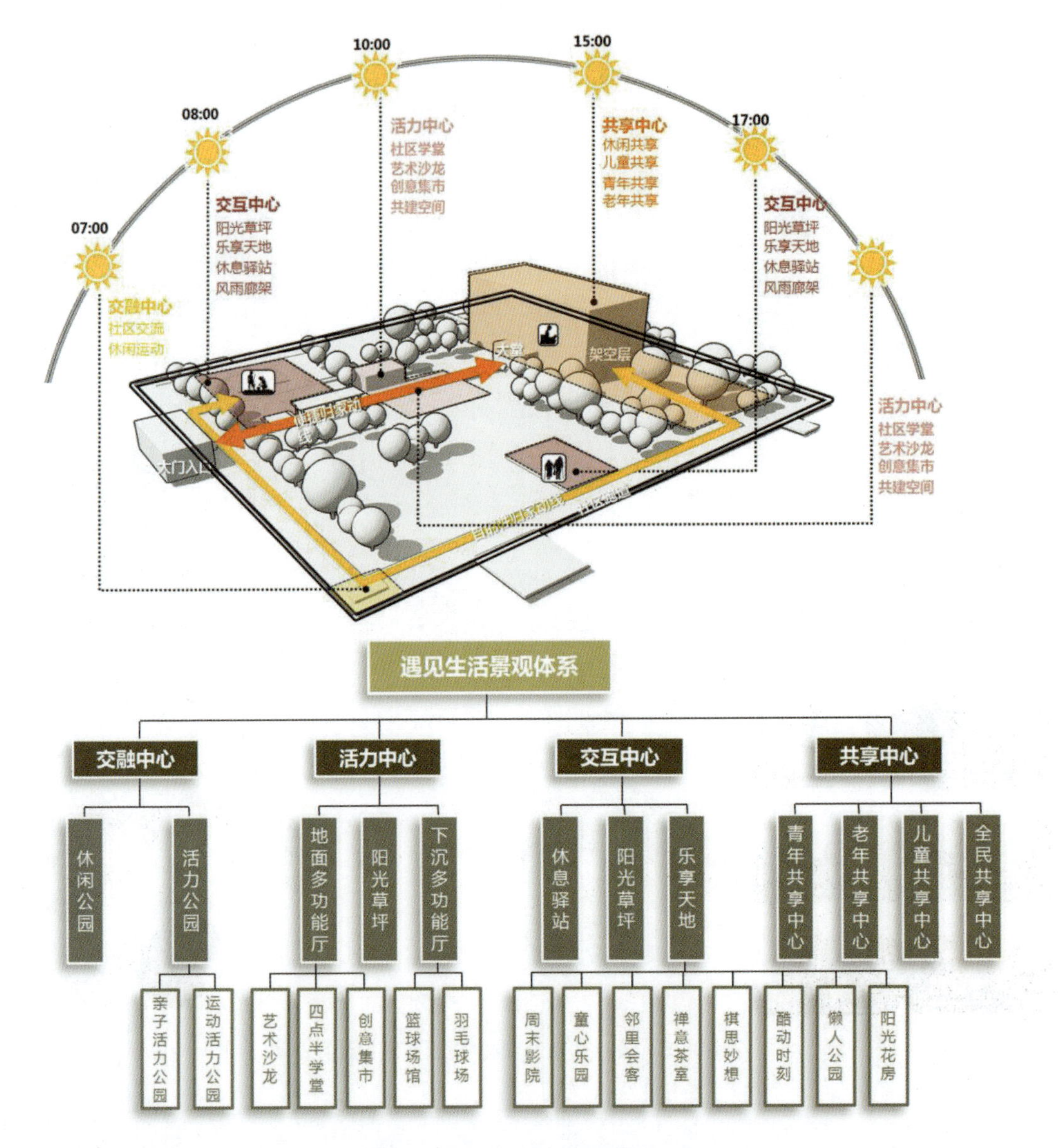

图3-27　案例分析(尚源景观设计)

5. 景观设计方案

景观设计方案包含景观总平面图、后期分析图、鸟瞰图。总平面图也叫作“总体布置图”，按一般规定比例绘制，表示建筑物和构筑物的方位、间距以及绿化、道路网、竖向布置和基地临界情况等的图样；鸟瞰图是以鸟的视点，俯视制图区域，相较于平面图，鸟瞰图更加直观。

6. 节点设计

节点设计包含节点放大平面图、意向图、效果图。节点放大平面图是方案设计中对于各节点的详细设计，节点平面图一般比例较总平面图而言要更大，节点平面图就是起到放大图纸、放大细节的作用。

7. 专项设计

专项设计包含植物设计、灯光设计、景观小品设计、标识系统设计、铺装设计等。值得注意的是，这些专项设计要创造具有强烈冲击力的视觉语言和听觉语言，使人由此产生兴趣而形成记忆，产生认同感，达到塑造景观形象、吸引视线目的。首先，设计要有系统的视觉面貌。在设计过程中，必须统一宏观与细节。其次，要重视延续性，历史、地域文化通过各时代的景观特征给人以丰富的感受，不能割裂历史文脉，片面地追求全新的形式(见图3-28和图3-29)。

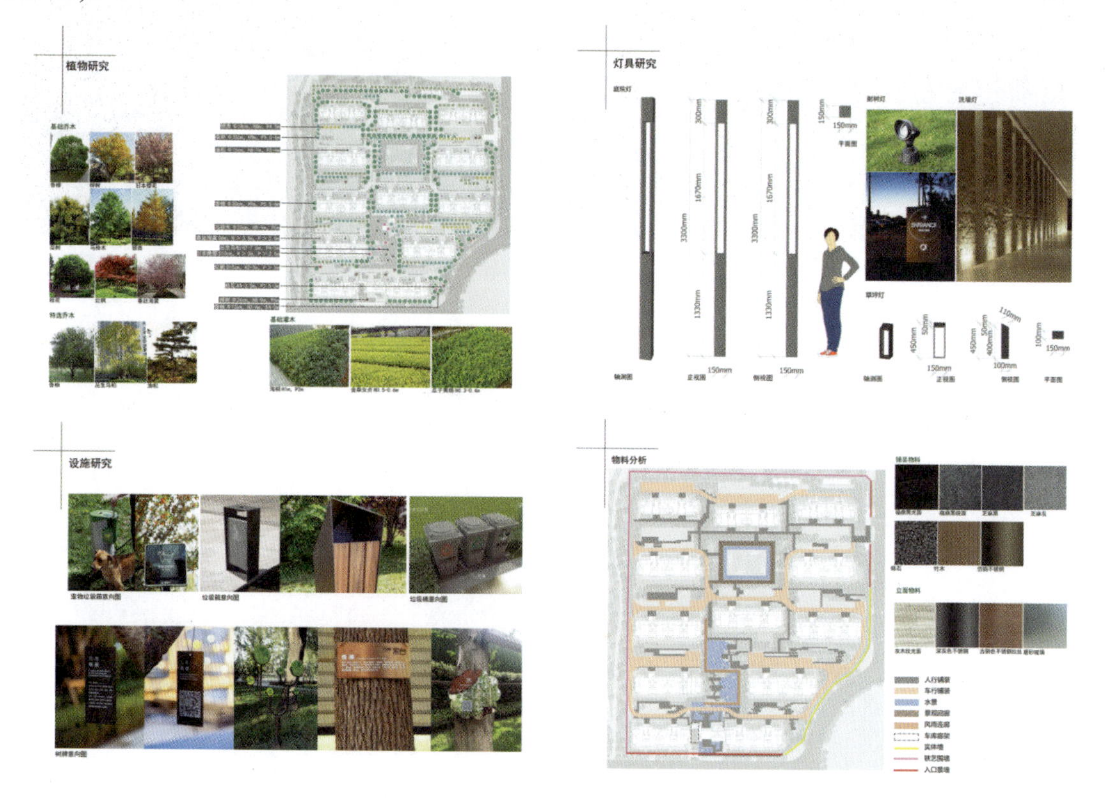

图3-28　专项设计(淄博天煜九　大区深化设计方案/朗道国际设计)

图3-29　标识系统设计(绍兴万科安澜)

第四章 居住区重要节点设计

学习要点及目标

- 了解居住区重要节点设计要点。
- 学习居住区重要节点设计方法。

微课

第一节 入口景观设计

居住区入口空间作为小区与外界进行交流的通道，首先应当保证其交通与防卫的需求；同时，作为展示小区文化品位的窗口和城市空间的节点，设计时应该充分考虑与小区乃至城市环境相融合，通过空间与视觉的设计、科学的规划，方能打造小区入口特色景观。从景观层面来讲，好的小区入口景观设计，不仅能够丰富和改善小区的整体环境，使居民回家时有轻松惬意的心理体验；同时因为其与城市景观有着不可分割的联系，也对提升城市整体环境质量、增加街道特色有着重要意义。

一、现代居住区入口的构成要素

现代居住区入口所包含的构成要素一般包括入口广场、道路、大门(门房、柱子、景墙等)、栅栏、配景(水景、雕塑、植物等)、标志物等(见图4-1)，这些要素根据居住区的需要，相互组合配置，形成一个与居住区相协调的景观节点，从而满足入口各种功能的需求(见图4-2)。

图 4-1　北京金茂府项目入口

图 4-2　重庆东原1891 · 印长江项目入口

二、居住区入口的功能

在对居住区入口进行设计时要考虑满足的功能主要有交通与疏导、保护与阻隔、识别等。

1. 交通与疏导

交通疏导是居住区入口设计的一个重点，组织好人、车的交通流线，是居住区居民生活井然有序的必要条件。入口交通与疏导功能设计流畅与否，会影响整个居住区的交通组织状况，并直接决定小区出入交通和城市街道交通是否相互通畅(见图4-3)。

图4-3　海宁水岸名邸项目入口

2. 保护与阻隔

在居住区入口设计中，各种景观元素围合界定小区的内外部空间。一方面能起到划分出内外部空间的作用，另一方面能够阻挡视线，保护小区内部的私密性，增强小区内住户的心理安全感受(见图4-4)。

3. 识别

居住区入口是识别一个居住区的重要元素，是小区向城市进行展示的名片。入口的设计应与城市的特点相和谐，与小区整体风格相契合，同时具有独特的风貌，易于识别(见图4-5)。

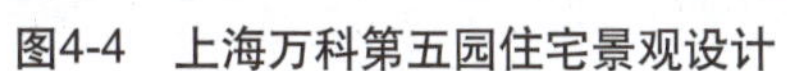

图4-4　上海万科第五园住宅景观设计

图4-5　万科桃源里住宅景观设计

三、居住区入口的设计原则

1. 整体性

居住区入口是整个小区景观的重要组成部分之一。作为小区与城市街道的重要连接部分，入口设计首先应当满足入口设计与整个小区景观的和谐统一，同时也应兼顾小区与外部城市环境的良好融合。不仅要追求标志性和设计的个性化，还应保证入口设计与整个居住区的有机结合，其中包括景观体量、构成形式、材料选用等诸方面因素。

2. 人性化

居住区入口的服务对象是人，因此居住区入口应从人的使用需求、视觉感受和心理感受出发进行设计，做到舒适、赏心悦目并且给予人安全感。在满足居民通行、交流、休息等基本需求的同时，从细节上体现文化氛围，以期满足人们日益增长的精神需求。

3. 尺度适宜

入口设计应根据居住区的规模、组织交通等实际情况，设置规模适宜、数量合理的居住区入口，并且根据人流、车流的具体情况，合理分配各个功能分区的尺度和规模。

四、居住区入口设计的几种常见形式

居住区入口设计主要分为以下几种。

1. 中间为车行通道，两边为人行通道

这种形式是居住区常规的入口形式，中间的岗亭同时作为小区门卫使用，可以兼顾对于车行和人行的管理，效率较高，人行入口和机动车入口分开设置进一步提高了效率。但随着时代的发展，这一常规形式的局限性开始暴露出来。这种形式难以做到彻底人车分流，行人、非机动车与汽车之间会产生明显的相互干扰。这种形式中汽车通道占了大部分空间，而人行通道仅占少量空间，从而使得人行通道显得较为拘谨和次要，对项目的档次和人行体验产生了不利的影响，降低了生活空间的品质。在这种模式管理下，业主车辆和访客车辆(包括搬家车辆)都是在同一处进行验证的，管理上比较混乱，因而可能存在业主和访客互相冒充的情况(见图4-6)。

图4-6　青岛青建香根温泉入口设计

2. 正面为人行通道，侧面为地下车库出入口

此种形式更强调人行通道的品质感。当人行道路居中时，就为做一个漂亮的门头或者大气的岗亭创造了条件，配合上景观绿化和铺装，可以使小区入口体现出高档社区的风貌，且由于两侧的汽车坡道采用进出分离的设计，小区内部也更容易实现人车分流。但这种入口的组合形式难以避免小区外部的人车混流现象，并且汽车坡道直接面向城市道路会使住宅在一定程度上缺乏私密性，如果道路发生积水还有可能直接倒灌入地库中。另外，由于业主车辆从城市道路直接入库，访客车辆、搬家车辆、消防车辆等的进入还需要通过其他入口解决(见图4-7)。

图4-7　金科九曲河入口设计

3. 一侧为地下车库出入口，另一侧为人行和访客车辆通道

此种形式下，业主车辆直接进入地库，与访客及搬家车辆严格区分开，既方便业主出入，又便于物业管理。另外，物业为访客和搬家车辆单独设置道闸(栅栏形闸杆)，平时不开时也可兼做隔墙使用，这种设计同时可以满足消防车等车辆进出的要求，在地上道闸旁边另设置一个人行通道，并在人行和车行之间设置岗亭，保安可以兼顾两侧，功能及效率各方面的需求都能得到满足。但是这种设计难以避免在小区入口外侧发生人车混流的情况，车行通道与人行通道可能会产生明显的路线交叉，而且相比之下这种形式也难以设计出居住区的高档感(见图4-8)。

图4-8　武汉市融创公园壹号三期入口景观设计

4. 人行入口与车行入口相隔较远形式

人行入口和车行入口分别设置的方案。人行入口通常设置在居住区规划的中轴线上，方便展示小区集中的景观资源，而车行坡道一般设置在小区两栋楼之间且平行于楼栋外墙。这种设计可以促成相当好的人车分流效果，而不利影响在于可能需要给车行入口单独设置一个岗亭或者保安进行管理。当小区体量较小时，一般不会单独设置入口，也没有足够的空间从主路后退形成一个环岛，这不方便对访客车辆等进行管理。

第二节 儿童游戏场地设计

以亲子游乐场地作为媒介用于居住区的设计。儿童游戏场地本来就是一个聚集欢乐的场地，小孩的欢声笑语和家长的其乐融融，会给场地带来无比热闹、充满希望的感觉。将这样一种氛围运用在居住区设计中，确实能立刻让场所活跃起来，带动人们的积极性。好的儿童游乐场地设计，一定是建立在合理的场地空间规划的基础之上的，设计师不能只聚焦在游乐场地本身上，而是要放眼到更大的空间，从整个区域来看待这个场地，包括周边道路、路线、建筑、业态、景观等。确定了居住区景观场地的基本功能规划后，才确定该游乐场地之于这个居住区空间的从属位置，进而去分析该游乐场地需要的氛围和功能。

一、儿童游戏的特点

游戏对人类而言，是通常而必需的，而且是幼儿期独特的实践活动，孩子可以通过游戏自由地表达其内心的想法。根据孩子成长年龄、心理变化的不同，可以分为以下几个不同的成长时期：婴儿期(1～3周岁)、幼儿期(4～6周岁，又叫学前期)和学龄期(7～12周岁)等。随着年龄的增长，孩子对游戏的要求会逐步提高，在当今这样一个信息社会里，游戏已有了很大的发展，孩子可以在家玩各种形式新颖、造型逼真的玩具，也可以上网玩游戏，但身体力行的情景游戏有着不可替代性，以滑梯为例，它可以满足儿童多方面的要求：①身体机能活动——从滑梯上正常滑下；②技能锻炼——创造性地倒滑、攀爬等；③与玩伴嬉戏互动——以滑梯为平台结交朋友。

二、儿童游戏场的功能特点

儿童游戏场是住区户外场地的重要组成部分，2004年5月建设部颁布的《居住区环境设计导则(试行稿)》中规定居住区要划出固定区域，一般为开敞式，设立专门儿童游乐设施。但是，儿童游戏场绝不只是放置游戏活动器械的场地，更应是一个场所，一个自然的充满情趣的活动空间。所以，我们应当把它放在大环境中，作为景观的部分来对待，将其设计得自然化，安全舒适、纯真、艳丽而又无障碍，具有相当的面积，围合成相对独立的空间。

儿童游戏场这样一个室外空间，往往作为绿化系统的一个环节而存在于各类绿地中，是较活跃的部分，对儿童而言，它的功能是多方面的。首先，游戏场是开阔的场地，儿童可以在此开展各种活动，通过玩耍来表达和宣泄自己的情感。对于儿童而言，有时他们也许只是需要一个场地而已。其次，这里可布置丰富的植物景观和自然状态的物件，正如鲁迅先生小时候喜欢的百草园一样，孩子可以获得自然丰富的表象，培养热爱自然、热爱生命的情操。再次，孩子成群结伴地在此游戏，增加彼此间的交流，培养相互帮助、相互合作的品质。最后，儿童游戏场在培养智力方面也发挥着作用，如在场地上布置些数学模型等游具，构成一个学习的外部空间环境，寓教于乐。

三、居住区儿童游戏场景观环境要素分析

游戏设施、器械是儿童游戏场空间的核心。一般的儿童游戏场器械设备比较简单，如沙

坑、涉水池、秋千、跷跷板、转椅等(见图4-9)。现代的儿童活动设施有高低道、浪船、快速游艇、小铁路等。除此之外，还有运动设施，须放于面积较大、空间开阔的场地，如球场、溜冰场等(见图4-10)。

图4-9 一般儿童活动设施

图4-10 金坛万科公园大道童梦乐园

第三节 运动健身场地设计

一、居住区运动健身活动空间的分类

活动的空间从广义上理解，可以看成一种人造的空间环境。而住宅区的健身娱乐活动空间是一种内向空间，属于居民自己的领域，和外部空间有一定的界限分割。根据研究的需要暂把健身娱乐活动空间分为公共健身娱乐空间和私人健身娱乐空间。前者包括了篮球场、足球场、网球场、羽毛球场、儿童游戏乐园、休闲娱乐广场、开放式的屋顶花园等；后者则有私人花园、私人球场、私人庭院、私人游泳池等(见图4-11和图4-12)。

图4-11 武汉江宸天街商业屋面景观

图4-12 包头世茂·云锦社区活力公园

二、居住区运动健身活动场地的特征

作为以满足居住区居民的日常健身娱乐活动需求为首要目的的活动场所，居住区户外健身娱乐活动空间应具备以下几个特征。

1. 安全性

安全是人类生存的首要条件，失去了安全性的基本要求，其他方面的活动及特征则无从谈起。在任何健身娱乐活动场地或设施设计实施上，都要考虑到各个活动群体在安全上的要求，尽量满足不同人群的健身娱乐活动的类型，以达到无障碍设计。着重要提出的是，儿童在进行娱乐游戏活动时具有“自我中心”的强烈意识，所以在车流量大或者安全级别低的步行空间中打闹嬉戏，就存在较大的安全隐患。此外，健身娱乐空间的配套设施上，应充分考虑造型、色彩以及材料的合理运用搭配，不给使用者造成任何生理和心理的不适感。

2. 整体性

看问题要有大局观、整体性，所以居住区的健身娱乐空间从整体的角度出发是较为关键和重要的。其中包含两个方面：第一，它是整个小区健身娱乐空间系统的有机组成部分，其强调空间组织结构与肌理的协调和统一，与具体的小区文化、价值取向等相交融，且与小区级别的健身娱乐场所形成良性的互补关系；第二，居住区健身娱乐空间环境有自身的结构特点和个性，而室内与户外两部分共同构成的居住区健身娱乐空间环境，它们之间相互有机地协调和共存，完美诠释了居民五彩斑斓的日常健身娱乐休闲活动。

3. 舒适性

户外的健身娱乐空间的舒适性是指功能的实用性和视觉上的美观，让居住区的居民可以充分地享受快乐、轻松、舒心惬意的生活，避免受到外来因素(噪声、气体等)的干扰和侵害。

4. 社会性

社会性是居住区居民健身娱乐活动空间环境的基本特征，作为公共的开放性空间是它的首要属性。健身娱乐空间的目的是为居住区的居民提供一个可以进行健身、娱乐、休憩攀谈等休闲活动的场所，因此也要尽可能地创造好的条件让人们都可以便捷、积极地参与进来。居住区户外健身娱乐空间不像健身俱乐部那样是以盈利为目的，社区的健身娱乐场所的目标是提高全民素质、增强城市脉搏，把更多的社区居民拉向户外活动，创造更具有活力和舒适的生活居住环境。

第四节 安静休闲场地设计

一、居住区安静休闲场地的特征

安静休息型空间通常发生聊天、闲坐等活动。这类活动空间在小区内分布较广泛，不需要有专门的场地，通常在休息设施丰富或活动人群较为集中的场所附近(见图4-13)。老年人不仅在户外进行运动，还有休息、聊天、观赏等活动。所以为老年人提供良好的休息区是非常重要的。在这个区域老年人以视听来感受他人，同时欣赏周围的优美景色。因此，坐息区一般设置在树下、亭廊下、花架下，朝向人流密区，具有良好的通风、充足的阳光。坐息区的背面通常有一定分隔意义的界面(如植物、自然地形、园林建筑物等)以形成边界效应。但有些老年人出于性格、爱好等原因，喜欢独坐而不愿被人打扰。对这些老年人来说，有一个可由自己控制的户外活动空间，享受宜人的空气、花草、阳光是件很惬意的事。因此，私密性的休息环境在小区老年人户外活动空间的设计中是必须考虑的。休息活动区多位于宁静的地段，不被道路穿过，有遮掩与隔离而避免成为外界的视点，如果能面对生动的景观则更佳。

图4-13　浙江龙湖•天璞御园休息亭设计

休闲娱乐型空间发生休闲类和文化类活动，包括棋牌活动、遛宠物、摄影、乐器演奏、唱歌、跳舞、书法练习、看报、书画展览活动等(见图4-14)。用于棋牌活动的户外空间，通常位于半封闭的遮阴环境，如树下、亭中等，同时设置有休息设施，较理想的棋牌类休闲活动空间还拥有石桌。老人进行棋牌类活动时对周边景色要求不高，只要有舒适的活动环境、完善的活动设施即可，最好设置有休息设施可供使用。摄影活动的户外活动空间较为随意，分布广泛，通常随着摄影对象的变化而具有相当的流动性。只要有如画的景观，或者由社区良好的自然环境所吸引来的动物如鸟类，就能够为摄影爱好者创造良好的活动条件。

图4-14　小区休息亭设计

二、居住区安静休闲场地设计特点

图4-15　天津 仁恒•海和院休闲区设计

居住区安静休闲场地的设计可以满足人们休闲、停留的需要，使人们的生活质量得以提高。尤其是在社区环境中，居民可以从一些综合性的设施中得到放松，使生活积极而健康(见图4-15)。

(1) 安静休闲场地应该在社区设施环境中划出固定的区域，一般均为开敞式。休闲场地必须阳光充足，空气清洁，能避开强风的袭扰。休息区的选址还应充分考虑活动产生的嘈杂声对附近居民的影响，一般离居民窗户10m远为宜。

(2) 应与住区的主要交通道路相隔一定距离，减少汽车噪声的影响并保障居民的安全。

(3) 材料尽量使用本地材料易于环境融合，或选择绿色环保材料，便于材料回收。

(4) 居住区中心较具规模的休闲场地附近应为居民提供饮用水，便于居民饮用。

第五节　道路系统设计

居住区道路系统担负着居住区人员和机动车与外界的交通联系。步行道往往与居住区各级绿地系统结合，起着联系各类绿地、户外活动场地和公共建筑的作用。在人车分行的居住社区交通组织体系中，车行交通与步行交通应互不干扰，车行道与步行道在居住社区中各自独立形成完整的道路系统，此时的步行道往往具有交通和休闲双重功能。在人车混行的居住社区交通组织体系中，车行道几乎负担了居住社区内外联系的所有交通功能，步行道则多作为各类绿地和户外运动场地的内部道路和局部联系道路，更多地具有休闲功能。

一、居住区道路的基本类型

居住社区的道路系统按照使用功能划分(见图4-16)。

车行道系统

公共车行道 、物业车行道

步行道系统

步行功能道、步行休闲道

图4-16　居住区道路基本类型

社区道路系统按照设计要求排序(见图4-17)。

步行功能道	机动车行道	步行休闲道	物业车行道

图4-17　居住区道路功能排序

二、居住区道路尺度的控制

居住社区道路通常可分为四级，即居住区域级道路、居住社区级道路、住宅组团级道路和宅前宅后小路。规划中各级道路宜分级衔接，以形成良好的交通组织系统，并构成层次分明的空间领域感。

居住区域(级)道路：居住区域内外联系的主要道路，红线宽度一般为20～30m，山地城市不小于15m，车行道宽度一般需要9m，如通行公共交通时，应增至10～14m。道路断面多采用一块板形式，在规模较大的居住社区中的部分道路亦可采用三块板形式。人行道宽2～4m。

居住社区(级)道路：是居住社区内外联系的主要道路，道路红线宽度一般不小于14m(采暖区)或10m(非采暖区)。车行道宽度5～8m，多采用一块板断面形式。人行道宽1.5～2m。

组团(级)道路：居住社区内的主要道路，道路红线之间的宽度不小于10m(采暖区)或8m(非采暖区)，车行道宽度为5～7m。

宅间小路：通向各户或各住宅单元入口的道路，宽度不宜小于2.5m。

机动车道方面：为解决社区内道路的人车矛盾，还应设置社区道路。通过控制车速和流量，以及确定路面构成形态，以达到车辆通行和谐。

第六节　照明系统设计

随着人们生活水平的提高，对居住环境的要求也随之越来越高。居住区的灯光系统也由之前单一的照明功能演变为景观灯光设计工程，除满足照明外，也成为居民的视觉和身心上的一种享受。所以在设计中，灯光设计也成为很重要的一部分。

居住区景观的照明设计不单单要考虑灯光的观赏效果，同时还要考虑白天当中的景观可视性、可靠性以及便捷性等，要充分运用现代技术与艺术的统一法，以避免照明设计毁坏掉原有景观环境的美感。

通常居住区照明可分为功能性照明、装饰性照明及水景照明等，设计中要采用兼具高光效的灯具来节约能源。

一、居住区照明系统的基本类型

1. 绿化带照明

绿化带照明一般包括低矮灌木、花丛灯照明。设计时使用草坪灯、小庭院灯、小功率草坪射灯等(见图4-18)，并使用节能高效光源。步行路灯最低照明度不低于10lx。草坪灯布置距离一般5～10m。这种照明广泛适用于公园景区、社区、花园别墅、广场绿地、旅游景点、度假村、高尔夫球场、企业工厂绿地亮化美化、居住区绿地照明、商业步行街等。功能性照明一般是灯具在道路两侧对称分布、交错分布或道路单侧均匀分布，有诱导性地排列。

2. 中心照明

中心照明为凸显居住区中央氛围(见图4-19)，设计时要首先考虑其照明度，使用较高的庭院灯，排列分布。中心照明按实景配置，灯光的设置应能表现建筑物或构筑物的特征。一般采用在建筑物自身或相邻建筑物上设置灯具，或将两者结合，也可将灯具置于地面绿化带，所以社区景观照明升级空间巨大。筛选灯具首先应考虑其安全性能，对社区业主做到有效的保障，其次整个照明系统应通过计算机集成控制达到智能化。为了追求最大程度的美观大方，尽量做到见光不见灯的效果，也就是使人远观看不见灯具的轮廓。这种情况下优先考虑使用小体积射灯，将灯具事先安装于槽钢之中，再用特殊的装饰材料将其伪装起来以达到预期效果。

图4-18　草坪灯

图4-19　庭院灯

3. 植物照明

居住区内的植物照明常指树木照明，最常规的方式是采用一盏或一组射灯放置于树的根部。成型的树可采用埋地灯来装饰。根据树冠的大小选择相应的灯具，树冠大则光束宽，反之则光束窄。对重要立面采用较低功率的层叠照明，可以考虑多运用更为节能的地埋灯(见图4-20)。对于眩光的考虑，首先应降低灯具的表面亮度，如采用磨砂玻璃或漫射玻璃、局部照明灯具采用不透明的反射罩、根据照射对象调整合适的遮光角度等，还可以大面积采用半直接型或漫射型照明器。

4. 装饰性照明

居住区中的装饰性照明可采用线条灯挂在树枝上，使树体星星点点，可在节日使用，来增加其氛围(见图4-21)。灯具采用光纤灯带或LED灯带，LED灯带的电功率可按8～10W来考虑。若要求变化细腻的效果，HID灯具可以作为首选，也就是人们常说的氙气灯。此种灯具既不会产生多余的眩光，也可以达到细腻变色的要求。为保证最佳效果，设计时应考虑选择新颖而优质的灯具，配备优质的光源、电器，确保经济性与质量。

图4-20 地埋灯

图4-21 装饰灯

5. 水景照明

水景照明可以改变人居环境和自然环境的外观，可采用现代高科技的照明设计手法，如隐一露、抑一扬，营造一个灯光与水景相结合的水景灯光文化，亮化空间属性。设计中平静的水面一般采用水底灯，或以单纯光照亮或以五彩灯光表现水体的神秘柔和。水晶电器应保证其安全，使用12V电压供电，其参考照明度为150～300lx。可利用喷泉设置水下灯，灯位设计在喷泉水的落点处。又高又细的水柱宜采用窄光束投光灯，喷涌的泉水宜采用宽光束投光灯等(见图4-22)。

图4-22　水景照明

6. 雕塑照明

雕塑照明除了突出雕塑的效果外，还应该考虑对人眼的眩光，避免照亮雕塑是直接对人眼的照射。独立雕塑采用埋地灯或射灯等，烘托主题。雕塑的参考照度为150～300lx(见图4-23)。

图4-23　雕塑照明

7. 路径照明

路径照明常与其他景观照明相结合，增加该路径的变化和色彩。路径照明常用的是草坪灯和小庭院灯，布置灯具时可以适当地加大灯具的距离。如果只是单纯的路径无其他景观照明，则相应缩短灯具距离。参考照度为10～50lx。

1) 低位置路灯

低位置路灯表现一种温馨的气氛，以较小的间距为人行的路径照明，如埋设于园林地面、建筑物入口踏步、墙裙的灯具。

2) 步行路灯

灯柱的高度为1～4m，灯具造型有筒灯、横向展开面灯、球形灯和方向可控制式罩灯。这种灯一般位于道路一侧或自由排列。

3) 专用灯和高柱灯

专用灯设置于工厂、操场等有一定规模的区域，高度为6～10m。高柱灯为区域照明装置，一般高度为20～40m，一般位于大型体育场、广场等周围，具有地标作用。在小区道路照明设计方面，可以选择景观照明和正常照明的电路分开，深夜可将正常照明关掉，这就起到了较好的节能作用。而且由于汽车尾气的影响，灯具的亮度会随着时间增长而变暗，所以在初期照度时必须考虑增加亮度。路灯照明光源通常采用高压钠灯、金卤灯等。

二、居住区照明系统的基本作用

居住区的功能性照明指的是满足小区道路照明需求的照明。根据小区道路分级的需求，灯光照明的设置要求也不一样。在满足照明需求之后，同时也要保证小区的照明设施的美观性。常见的道路照明是采用对称式的照明布局，在双车道的机动车道、中心绿化带也需布置灯光照明，但主要是为了满足照明的同时，兼顾夜景的绿化景观。在对于人行街道的灯光照明设计时，可以采用单侧道路布局或者交叉路灯配置。对于场地路灯光照明布置时，更多考虑的是满足景观需求，可以采用不同风格的地灯来进行照明，同时，在具体设计时可根据不同的道路形式来灵活布置。

第七节 植物景观设计

居住区的绿化景观主要是由植物组成的。如何通过植物来创造出反映居住区特色的景观，则需要根据居住区的总体环境来设计。

一、居住区植物设计功能

1. 改善环境

居住区植物能够改善居住环境，如净化空气、屏蔽道路上的噪声污染、吸收二氧化碳、减少尘埃雾霾、调节区域内小气候环境等。

2. 观赏性

植物景观观赏价值高，如春天花红叶绿、夏季绿荫浓浓、秋季硕果累累、冬季色叶斑斓，可以提高住宅区居民的生活品质和生活感受。

3. 调节气候

居住区植物可调节住宅区的小气候，缓解区域内的热岛效应(见图4-24)。

图4-24 远洋•天著春秋三期景观设计

二、居住区植物景观设计原则

1. 因地制宜的原则

根据住宅区所在区域的地形、气候、人文习惯和风俗等各方面因素，设计和营造符合该住宅区特点的植物景观风格。

2. 经济适用的原则

从美感、观感以及实际使用等方面进行综合考虑，做到实用大方、合理布局，防止出现过于奢华、追求高档的现象。

3. 四季变换、美观的原则

在植物景观设计时需要具有预见性，能够洞察各类植物在四季中的不同姿态，而且必须从形态、色彩、气味等多方面进行统筹设计，才能打造一个四季有景、美轮美奂的居住区植物景观。

4. 遵从空间属性进行单独设计的原则

从绿地功能来看，住宅区内可以分为居民运动活动区域的绿地和休闲观赏性质的绿地。对休闲使用的绿地，可采用立体形式的综合绿化，选择整体性较强的绿地，增加景观的通透性和观赏性；对居民运动活动区域的绿化，则应选择草坪、灌木等生长周期较长、耐修剪、适合踩踏的品种(见图4-25)。

5. 生态性的原则

植物景观设计不仅要打造当下的美丽景观，更要考虑未来的景观效果，让植物在时间的长河里越来越丰富，越来越具有其独特的价值(见图4-26)。

图4-25 保利首创·颂展示区景观设计

图4-26 中山市合景招商·映月台植物景观设计

三、居住区植物景观设计方法

1. 现场调研

针对现场进行细致调研，收集各方面信息，其中包括住宅区自然限制条件，如气候气象条件、地形地势条件、土壤土质条件、水文水利条件、项目地的原生态植被条件等，以及住宅区项目所在地的社会条件，如现有交通条件、周边人口条件、历史文化条件、工农业发展现状条件、城市总体规划限制条件等。

2. 方案设计

拿到项目，一般看小区的建筑是什么风格，然后看景观节点命题是否跟植物有关，如什么紫薇花畔、樱花园等，然后就以这些景观节点的命题，来配置相关的植物。

3. 品种选择和合理配置

一般来说，选择什么样的品种、如何进行搭配、怎样进行布局，需要考虑当地的气候、城市的环境、小区的整体设计、土壤的成分、功能区域的组合等多种因素。对于多数居民小区，通常应当选择一些成活率较高、适应能力强的品种作为小区草地和基础绿化(见图4-27)。

图4-27 保利首创·颂展示区植物景观设计

四、居住区植物景观设计注意要点

(1) 以生长的乡土树种为主，避免盲目引进外地的园林植物品种。

(2) 乔灌结合，常绿和落叶、速生和慢生相结合，适当地配置和点缀一些花卉、草皮。观花和观叶植物相结合，草本花卉可弥补木本花木的不足。树种搭配上，既要满足生物学特征，又要考虑景观效果。

(3) 植物种类不宜繁多，但也要避免单调，更不能配置雷同，要达到多样统一。

(4) 在统一基调的基础上，树种要有变化，要种植体形优美、色彩鲜艳、季相变化丰富的植物。

(5) 在栽植上，除了需要行列式栽植外，一般都避免等距、等高的栽植，可采用孤植、对植、丛植等。适当运用对景、框景等造园手法，装饰性绿地和开放性绿地相结合创造出千变万化的景观。树木搭配原则以乔灌结合、针阔混交，适当点缀花卉及爬藤植物，充分发挥植物的功用，做到春有花、夏有荫、秋有果、冬有绿，不一定要四季见绿，但一定要四季有景。好的植物一定要放在显眼的地方，彰显景观的人居氛围(见图4-28)。

图4-28 印度Godrej Platinum住区景观

第五章

居住区景观设计案例解析

学习要点及目标

- 了解居住区景观设计特点。
- 了解居住区景观设计手法。
- 了解居住区景观设计风格。
- 了解居住区景观设计要素运用。

微课

第一节 高层居住区景观设计案例

一、高层居住区景观设计特点

高层居住区通常位处城市较高地价区，用地比较紧张，必须要节省有限的地面资源而大量发展地下空间。地下空间作为车库使用，地面部分则作为景观花园。大多数高层居住区景观的做法是除了留出必需的消防通道外，整个场地人车分流或是局部分流，使大部分场地成为完全的景观空间，高层居住区的景观多是人工景观。由于高层住宅之间的间距较大，所以地面的景观也以“化零为整”的理念来进行设计。

首先，从景观规模上来看，高层居住小区的景观区域更加开阔、集中。由于高层住宅在建筑布局时需要更多地考虑光照、通风等条件，建筑密度大大降低、楼间距大大增加，可以用作景观营造的范围得到了大量的提高。

其次，从功能布局上来看，高层居住小区由于居住人口多，一般小区功能都需要集中设置，如高层居住小区会设置集中地下停车场，小区内部道路交通会布置人车分流系统，这样小区地面景观设计则可以摆脱很多功能性的束缚，更加注重对环境景观的营造。

最后，从景观效果上来看，高层居住小区由于建筑体量大、建筑高度高、楼间绿地范围广，比较适宜营造大气、特点鲜明的景观效果。

二、高层居住区景观设计案例解析

尚模龙岗首创八意府项目景观设计

项目概况：首创八意府地块位于龙岗中心城的北部，龙平西路北面，爱心路东侧，是一个逐渐成熟区域。交通较为发达，北部有龙盛大道，地铁12#线规划2020年完工，在项目周边设立了回龙埔站，地理位置优越。

目前该区域房地产市场较为成熟，周边项目有紫麟山、玫瑰郡、招商依山郡、君悦龙庭、徽王府等大型社区，生活及居家氛围浓厚。项目用地分为东、西两区地块，基地方正，南北高差约4米，总用地面积为77725.99平方米，总建筑面积为416145平方米，计容积率建筑面积为309349平方米，容积率为3.98，其中住宅总建筑面积为237615.2平方米。一区用地38666.23平方米，二区用地39059.76平方米。一区总建筑面积为201906平方米，二区总建筑面积为214239平方米，建筑主要为高层住宅及商业裙楼(见图5-1)。

风格定位：现代风格。

项目的设计理念是“智者乐水，仁者乐山”，设计愿景是打造一个与自然协调的现代生活方式，于项目中融入森林、山岳、水系等自然元素，以期建成适意触碰大自然的“宜居”环境(见图5-2)。设计系列的户外文娱和康体设施，如游泳池、网球场、太极广场、漫步小径、游乐园、静思空间等，给住户以尽可能多地参与和构建“宜居”生活模式的途径。

布局结构：项目的景观结构为“一轴、一带、六庭院”。“一轴”是连接AB两区的主要景观轴线；“一带”是串联森林、山岳、水系等自然元素的蜿蜒曲径；“六庭院”是小区的主要景观节点，包括岩石园、竹园、芳香园、森林公园等(见图5-3)。项目的功能分区包括八意广场、沉思角落、亲子园、探索乐园、秘密花园、登园、汇集绿地、层叠幻影，功能丰富，自然且富有乐趣(见图5-4)。

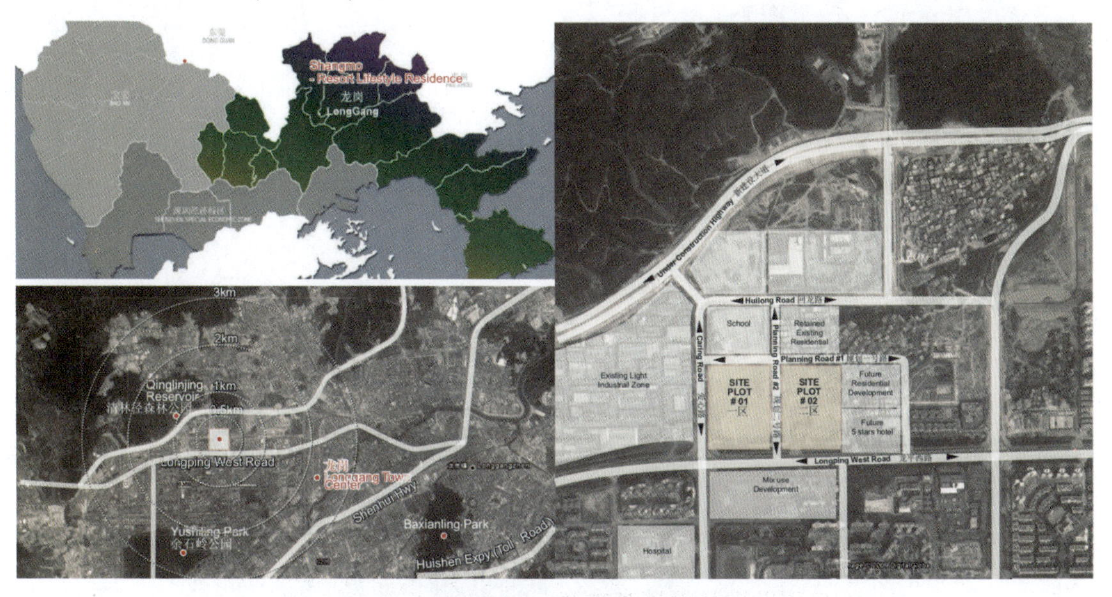

图5-1　尚模龙岗首创八意府项目区位分析

图5-2　首创八意府灵感来源

项目交通流线设计有车行出入口、人行出入口、消防出入口、人行主入口广场、消防车道等，布局合理，满足居民出行需求(见图5-5)。项目总体设计节点丰富、功能合理，设计牢牢地把握“智者乐水，仁者乐山”的理念，呈现出融入自然的宜居小区(见图5-6)。

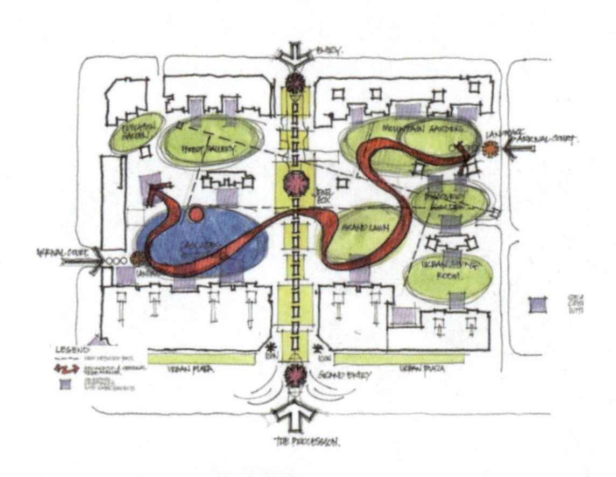

图5-3　首创八意府项目布局结构图

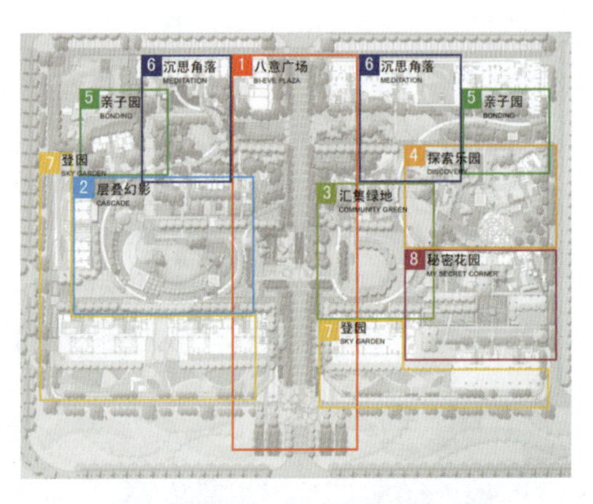

图5-4　首创八意府项目功能分区图

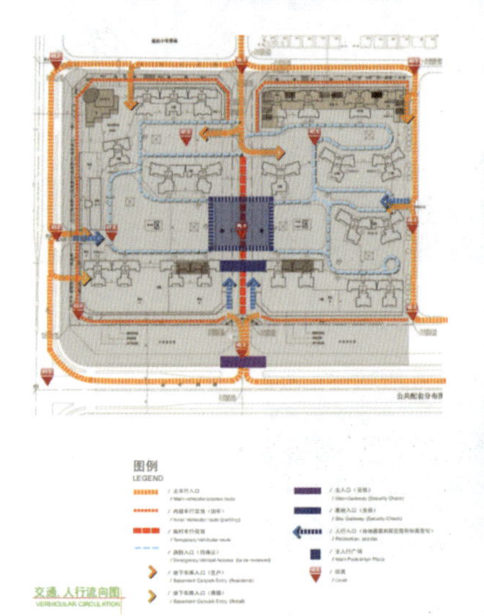

图5-5　首创八意府交通流线分析

图5-6　首创八意府总平面图

重要节点景观设计：该项目的重要节点包括八意广场、层叠幻影、汇集绿地、探索乐园、亲子园、沉思角落、登园、秘密花园。

八意广场——入口广场：八意广场是龙平路上既大气又具有私密性的生活社区入口，对应着现代与自然的氛围，形成小区记忆与现代时尚生活的第一印象。广场位于主轴线上的第一个十字路口，笔直的、规律的棕榈树，广场硬地及草皮拼凑的几何图案，勾起了人的好奇；形象鲜明的雕塑结合着广场周边的城市小品与街道家具，使广场既是小区的形象担当，又是居民休闲聚会的城市客厅(见图5-7)。

层叠幻影——泳池：园内泳池层层叠叠的幻影、一步一景的亲身体验、叠水带出的活泼经历、水上活动的多样选择，提供着丰富的活动和观景选择，亚热带风情的丰富绿化相映着现代、线条简洁的会所设计，棕榈树加上热带灌木、小泳池配合休闲池营造出惬意的景观氛围(见图5-8)。

图5-7　首创八意府入口广场设计

图5-8　首创八意府层叠幻影节点设计

汇集绿地——大草坡：汇集绿地是小区的多功能汇集空间，居民可以在开阔的大草坡上嬉戏、休息、阅读、游乐；功能多样的空间、氛围舒畅。无须几步路的时间，一家人就能在多功能的草坪上共同娱乐，甚至于举行特别的小型家庭音乐会，既亲切又充满活力(见图5-9)。

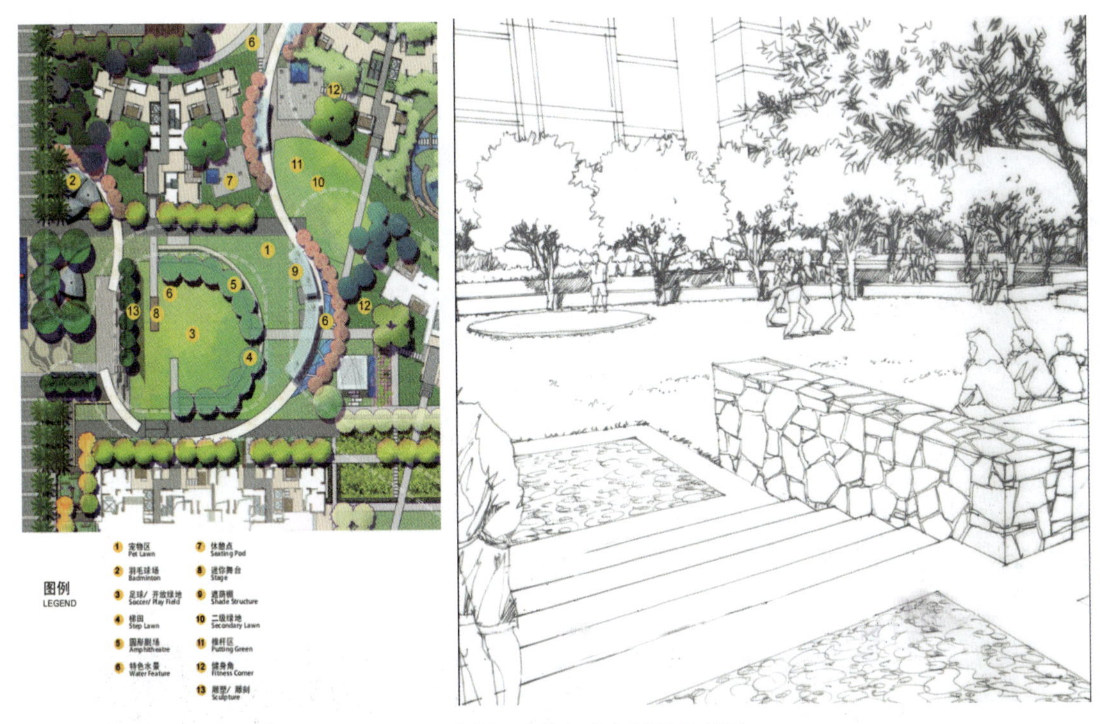

图5-9 首创八意府汇集绿地节点设计

探索乐园——有机花园：探索乐园是小区中汇集有趣而多元的空间，在今日追求乐园生活、慢步调的过程当中，有机植栽是不可分割的重要部分。探索乐园可塑造有机生活，亲手栽种的小花园、小绿棚既可让孩子发掘大自然当中的奇妙，又可让家长体验亲子的乐趣。

探索乐园里既有迷宫、竹园、互动玩乐，让孩子们在探索中寻找自然的乐趣，又有鲤鱼池、有机花园、温室、木栈道等，让孩子们寓教于乐，亲近自然，园中藤架和凉亭为家长提供交流互动的场地(见图5-10)。

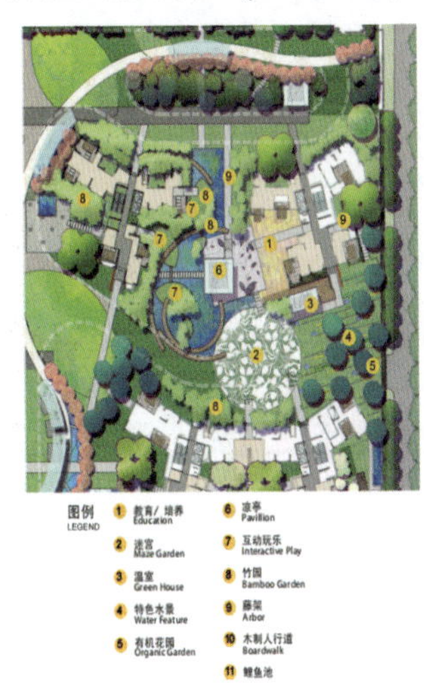

图5-10 首创八意府探索乐园节点设计

亲子园——游乐场：亲子园是小区自然又亲密的游乐场，作为探索乐园的延伸。童年梦想里悬挂于大树之间的小树屋唾手可得，游乐其中时，阅读、游乐时间弹指而过。亲子园中有起伏的地形、蜿蜒的小径、充满乐趣的树屋、儿童乐园、故事角、眺望台，还有富有活力的自行车道、鲤鱼池、水景等，让儿童在游玩嬉戏中体验自然的乐趣(见图5-11)。

图5-11 首创八意府亲子园节点设计

沉思角落——森林公园：森林公园是小区中幽静和谐的景观节点，园如其名，即便处于城市当中也可以在园内森林中深思、探索，无时无刻不在提醒着人们回归原始、重寻自然(见图5-12)。

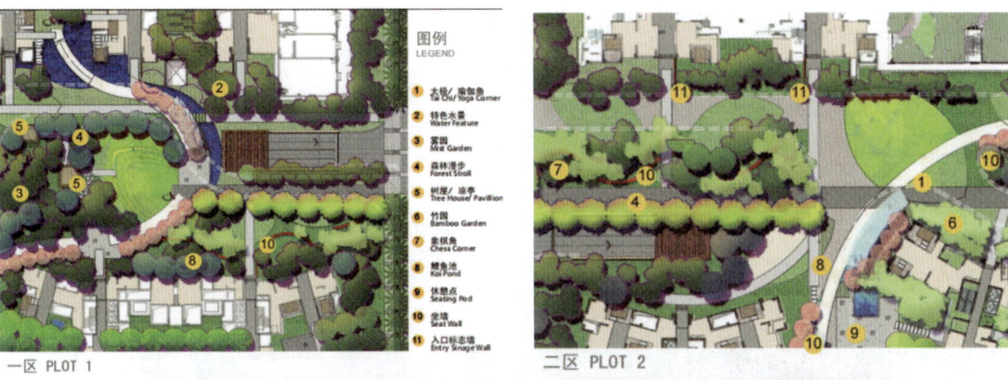

图5-12　首创八意府沉思角落节点设计

登园——屋顶平台：登园是小区中自然、亲密的屋顶平台，登上屋顶平台有欲穷千里目的观景感受；登园的乔木植物选择了樱花和竹，园中运用较多具有野趣的草本花卉，如狼尾草、蓝羊茅、墨西哥羽毛草、香根草、紫叶狼尾草等，令园区自然有生机(见图5-13)。

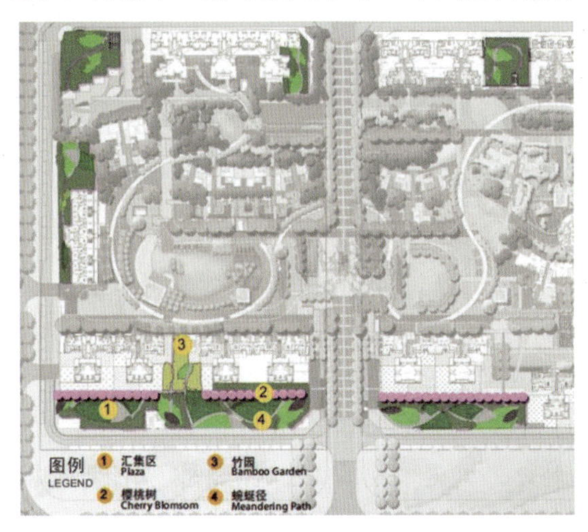

图5-13　首创八意府登园节点设计

秘密花园——园中园：秘密花园是小区中的园中园，也是小区中亲切迷人的世外桃源，秘密花园中设计有植物迷宫、芳香园、阅读角等节点，园中植物以淡紫色的超级凤仙为基底，颇具野趣的小兔子狼尾草和水果兰随风摇曳，金黄色的向日葵让花甸增加了几分清新和亮丽。成群结队的蝴蝶在花丛中穿梭飞舞，几只猫咪在栈道上玩耍嬉闹，营造出安静宜人的舒适环境(见图5-14)。

图5-14　首创八意府秘密花园节点设计

设计评析：小区紧邻城市新区。其设计理念是“智者乐水，仁者乐山”。小区的景观设计紧紧围绕着这个主题，在轴线景观、组团庭院、景观节点的开放性和渗透性等方面均做出了创新与尝试。凭借着自然景观资源，在各个组团内部也进行了丰富多样的景观设计，为居民创造出自然宜居的景观环境，处处展现了“生态、和谐”的景观氛围。

河北保定隆基泰和 3# 地块景观设计

项目概况： 项目位于河北省保定市，距离保定市区约4公里，距离雄安新区30公里、15分钟车程，距离东站约2公里，交通条件便利。场地周边教育资源丰富，包括河北大学、外国语学校、保定学院、五辛庄小学等，发展潜力巨大。规划用地性质为二类居住用地。红线面积101880平方米，景观总面积88305平方米，绿地面积54424平方米，绿地率53%(见图5-15)。

图5-15 隆基泰和项目概况

风格定位： 项目为新中式风格，景观设计首先挖掘具有保定地方特色与独特文艺气质的书院文化，将深厚的历史文化积淀通过现代景观元素及空间符号加以表达，营造出独具特色的新中式景观空间。

布局结构： 项目景观结构由“两主轴，一环带，三个核心组团，十六个宅间节点组团，一主一次两入口”构成(见图5-16)。礼仪轴线局部水景结合端景构筑物，提升人在此空间内活动时的体验。环带串联整个场地的功能区，使设计更为整体合理。核心节点构成场地的中央景观区，场地整体呈现双中央集中绿地。丰富的宅间空间，提升了场地的人性化与参与性。礼仪轴端头的两个场地出入口，设置了迎宾水景和入口大堂，为住户提供尊贵的归家体验(见图5-17)。

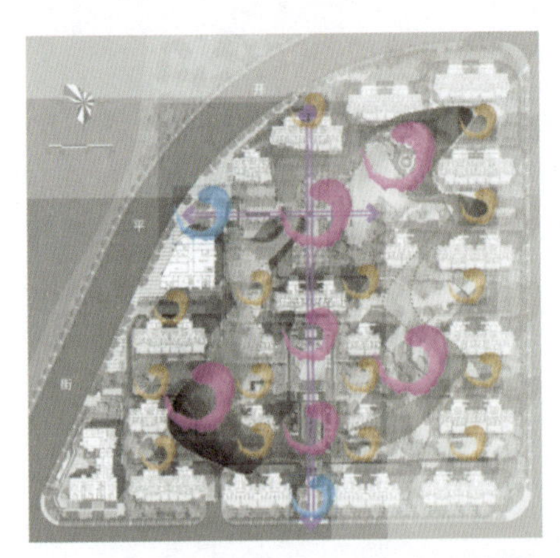

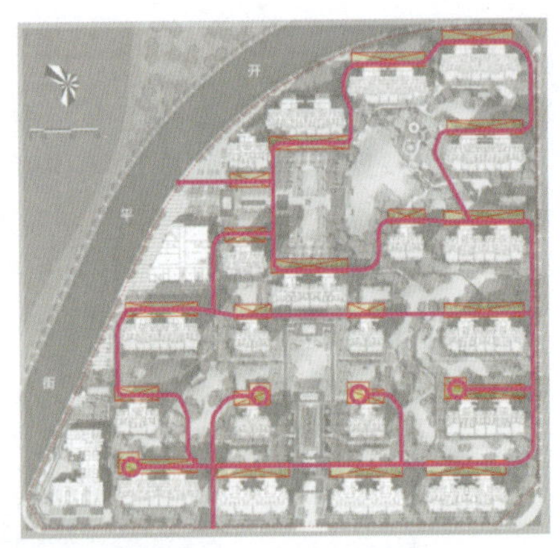

图5-16　隆基泰和项目布局结构

图5-17　隆基泰和项目总平面图

重要节点设计：项目主要景观节点包括南入口区、书院礼序轴景观区、六进书院、西入口广场、星际花园、颐养花园等。

南入口区：门是入口仪式区，为礼——“出迎三步，身送七步”是我国迎送客人的传统礼仪。不仅显示出主人的热情，更能给来客以春风般的愉快尊贵感受。入口区域采用对称的形式体现整体形象的礼仪感和品质感(见图5-18)。

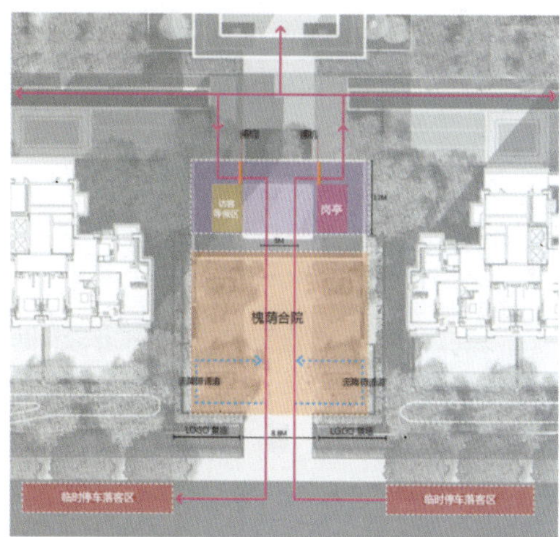

图5-18 隆基泰和项目南入口区景观设计

书院礼序轴景观区：礼序是文明的象征，是中华民族优秀的文化传统之一。该区域采用轴线对称的形式体现出居住区的礼仪感和书院的文化内涵(见图5-19)。

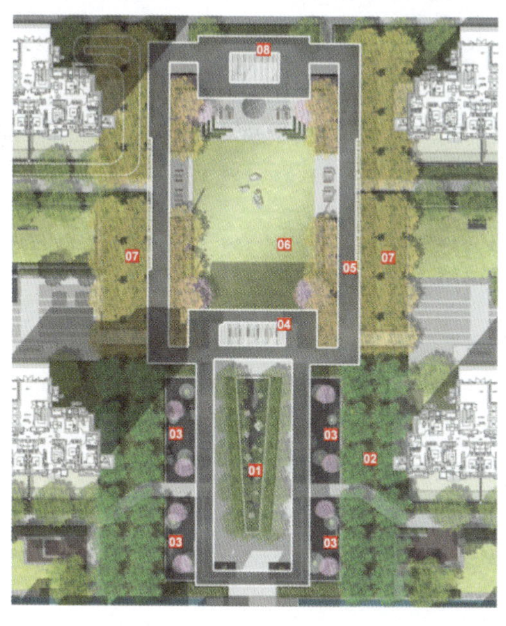

图5-19 隆基泰和项目书院礼序轴景观设计

图5-19　隆基泰和项目书院礼序轴景观设计(续)

六进书院：在礼序轴线两侧对称设计六进宅间书院，营造出具有高雅文化气质的公共庭院空间；可供人们在此攀谈、休憩(见图5-20)。

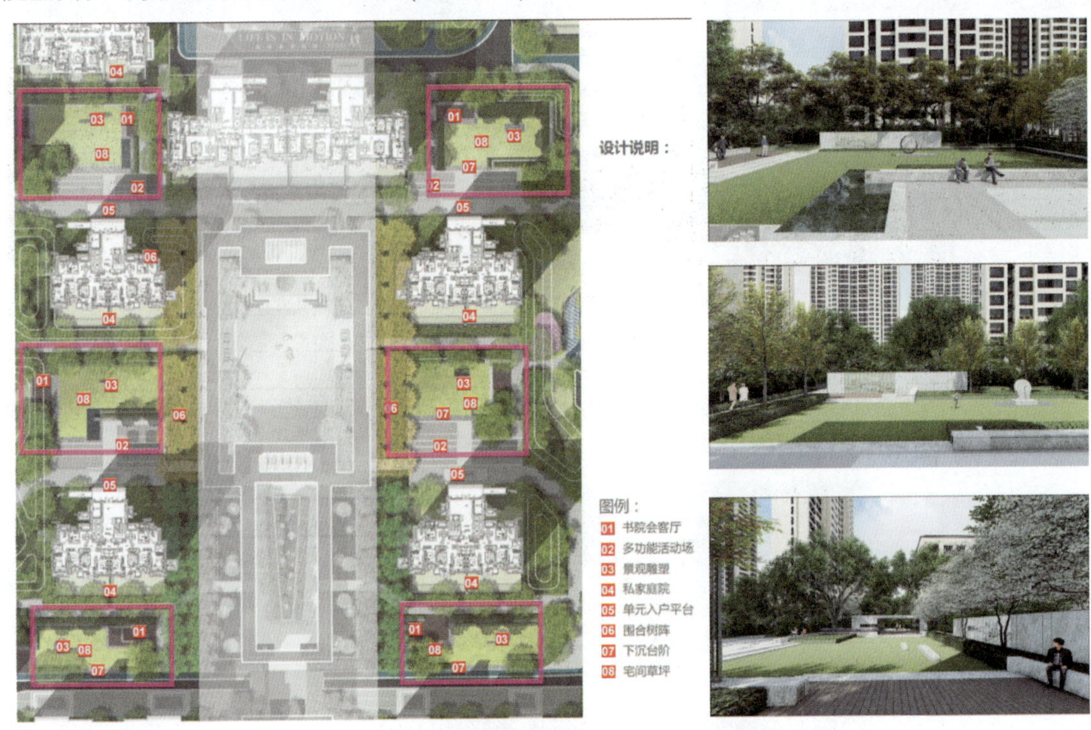

图5-20　隆基泰和项目六进书院景观设计

西入口广场：西入口景观空间整体为东西向并与南北礼序轴交汇于“江山印”。西侧入口形象展示区设计“平步青云”地面浮雕强化尊贵礼仪之感，入口广场地面铺装与邻里中心外围统一考虑增强整体性；“名门府邸”形象作为门卫管控区与南入口设计风格协调呼应。通过“砚池瀚海”“江山印”及“梧桐清秋”观星台将轴线延续至中心花园，强化景观空间的整体性与连续性(见图5-21)。

星际花园：星际花园设计于全区光照条件极佳之处，以可进入式阳光草坪为中心，将观星台、星际穿越主题乐园、活动场地、微汗跑道等多种功能性景观空间环绕设置于外围，从不同角度观赏草坪空间即有不同景致。草坪内点缀枫叶雕塑尽显秋风落叶之韵。阳光草坪外围空间配植丰富的植物组团形成围合空间，林下遮阴，草坪纳阳。西北侧组团种植可结合周围建筑有效遮挡寒冷的冬季风。孤植大乔木下设树池坐凳，提供了夏季遮阴避暑的林下空间，营造出舒适宜人的小气候(见图5-22)。

图5-21　隆基泰和项目西入口广场景观设计

图5-22　隆基泰和项目星际花园景观设计

颐养花园：颐养花园以中老年为主要服务人群，同时兼具青年的运动使用需求。通过动静结合的方式设计了完备的读书看报、康体健身、棋牌、书法练字、交友聚会、休憩坐凳等设施，并设有适合青年人群锻炼使用的健身器械组合。种植精选落叶大乔木塑造林下活动空间(见图5-23)。

设计评析：项目景观设计注重中国传统吉祥文化与书院文化背景，强调“新中式”到“新保定”的地域特色，以及“文气”特征。以抽象结合具象的方式，让中国传统和书院文化走入住区，走进居民心里，从而营造出祥和温馨且富有诗情画意的氛围。项目运用礼仪轴线和六进院落使小区形成起承转合的丰富空间。

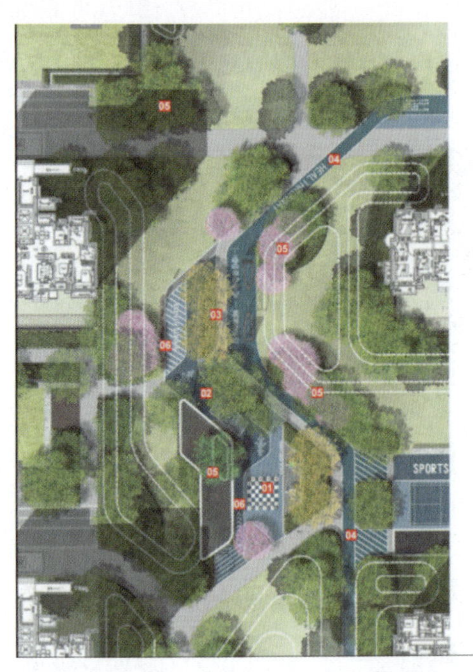

图例：
01 棋艺交流区
02 书法交流区
03 康养器械
04 健康跑道
05 休闲廊架
06 休憩坐凳

图5-23　隆基泰和项目颐养花园景观设计

第二节　多层居住区景观设计案例

一、多层居住区景观设计特点

多层居住小区，通常指 6 层及以下的住宅，属低密度住宅，容积率一般不超过1.0，绿化率较高；户型设计多结合景观因素，将室外绿化引入室内，户户有花园，首顶层为跃层，因此小区的环境很好，整体风格和景观处理都十分讲究。

二、多层居住区景观设计案例解析

重庆照母山龙湖舜山府

项目概况：项目位于重庆市，毗邻照母山森林公园，整体山体保留完整，几乎所有的有一定价值的古迹、古树、山体、水体都得到了完整保留，花木繁茂，凸显自然风景与原生野趣，使得本项目具有优良的景观基础，给居民提供了休闲观赏的好去处。项目红线面积为78969平方米，其中建筑面积14845平方米，景观面积64124平方米，水景面积3092平方米，硬质面积19040平方米，软景面积42406平方米，软硬比为3∶7。

龙湖舜山府主要户型是大平层和跃层，面积最小为两室130平方米，最大为五室340平方米，大平层客户最关注景观的视野(视距、山景效果、景观颜值)、景观本身的功能、效果，因此项目在满足景观观赏性的同时兼顾社区功能的完善，完善与公园的衔接及强调公园资源的独享性。项目从生态、健康、交融、精筑、文化五个方面，对景观配置进行优化提升(见图5-24)。

图5-24 龙湖舜山府项目定位

风格定位：项目风格为现代风格，设计理念为“探溪卧谷——仁者乐山·智者乐水，拥山握水方为舜居”。方案以照母山为底色，延续自然绿脉，以水景为纽带，打造山林荟萃的溪谷景观(见图5-25)。

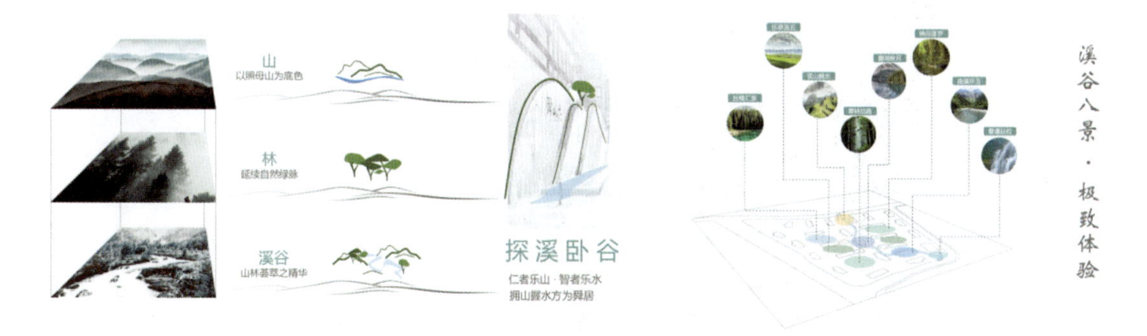

图5-25 龙湖舜山府项目灵感来源

布局结构：项目景观结构为“一环、两轴、八景”(见图5-26)，一环为一公里浪漫银杏散步道，两轴为探溪卧谷水轴，八景为汲取溪谷八大特有景观，打造八大独特景观体验点。

主要功能分区包括主入口空间、休闲树阵空间、中庭休闲区、次入口空间、叠瀑观赏区、老人休闲区、全龄儿童活动区、趣味微农场、阳光草坪、儿童水游乐互动区、家庭欢乐互动区、小型儿童活动场、老人休闲区(太极)和户外休闲区(瑜伽)(见图5-27和图5-28)。

重要节点设计：项目主要节点有苍山拥水、碧湖映月、乐草留香、叠瀑品松、曲溪怀玉、翠林拾趣、丝楠汇泉等。

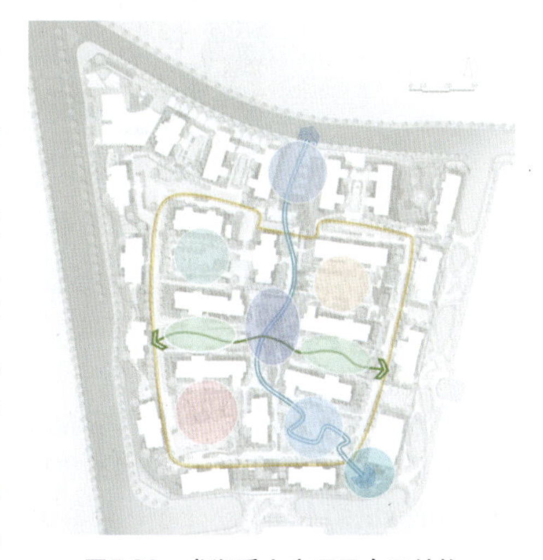

图5-26 龙湖舜山府项目布局结构

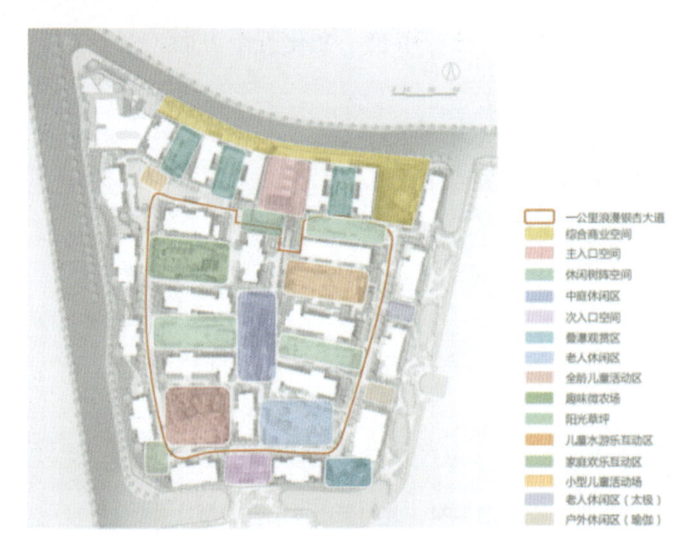

图5-27　龙湖舜山府项目功能分区

图5-28　龙湖舜山府项目总平面图

苍山拥水——尊贵、泛客厅：苍山拥水是小区的主入口区，设计运用山川和跌水的元素，以山脉意向塑造入口第一幅画面，定位整个项目与照母山从形态到神态的联系(见图5-29)。

碧湖映月——互动、交流：碧湖映月节点在设计中融入湖泊元素，打造全园最活跃最社交的中心景观，湖底纹理生长出抽象的山形雕塑，供人涉水互动，围绕湖边设置多样的休憩空间，并提供亲水踏步，是小区内邻里互动交流的场所(见图5-30)。

1. 主入口广场
2. 特色跌水
3. 特色山形
4. 无障碍通道
5. 主入口大门
6. 会客厅
7. 景观装置
8. 休闲树阵
9. 镜面水景

图5-29 龙湖舜山府项目苍山拥水节点设计

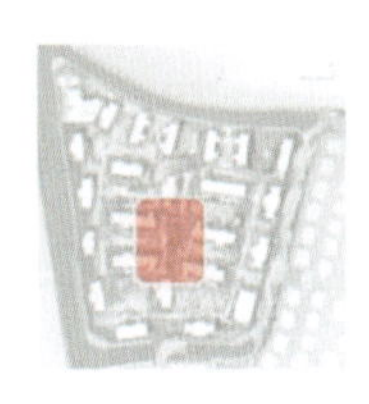

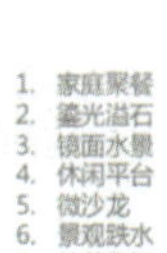

图5-30 龙湖舜山府项目碧湖映月节点设计

乐草留香——家庭活动、阳光草坪：东西轴线穿过别墅区连接照母山公园，把照母山公园的绿脉延续到园中。轴线设置阳光草坪，满足消防的同时，强化人与自然的互动，为家庭活动提供了场所(见图5-31)。

叠瀑品松——观赏、交流：结合地形与植物打造层层叠瀑，作为全园的源头之水，以照母山为背景，结合地形与植物打造层层叠水，泉中游弋着锦鲤，泉水如溪流般顺流而下，贯穿整个园区(见图5-32)。

图5-31 龙湖舜山府项目乐草留香节点设计

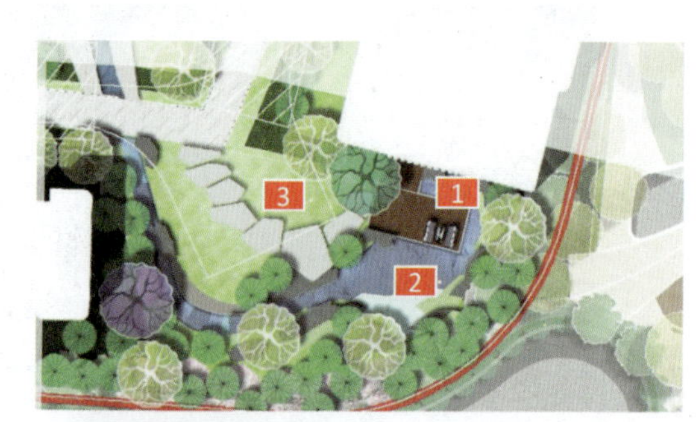

图5-32 龙湖舜山府项目叠瀑品松节点设计

曲溪怀玉——冥想、漫步：抽象出山、水、石共同作用下的成果，流水在时间的作用下能够在坚硬的山石上刻画出优美的线条；粗糙的石头在水流不断地冲刷下也能磨圆棱角变成精致的艺术品。抽象出山、水、石共同作用下的成果，水流顺山瀑而下，到达庭院后渐变为蜿蜒优雅的溪流，是漫步冥想、体味人生的场所(见图5-33)。

图5-33　龙湖舜山府项目曲溪怀玉节点设计

翠林拾趣——儿童活动、探索丛林：蜿蜒的空中栈道穿梭于翠林间是孩子们的探索乐园。利用场地高差，一条如溪流般蜿蜒而下的空中栈道镶嵌在浓密的森林中，仿若一座神秘城堡等待孩子们去探索。空中栈道划分出三层有序空间，顶层为孩子们的空中漫步空间，中层为孩子们攀岩、跳跃空间，底层划分出家长看护区和幼儿启蒙区，多样有趣的空间是全园最为活泼和放松的庭院(见图5-34)。

丝楠汇泉——水乐园、休闲交流：半山亭中人们或抚琴、或品茶、或对弈，同时有山间流水潺潺，平添几分趣味。捕捉了这样的场景，将峡谷的精髓外化为人们能够体验的景观空间。蜿蜒而下的溪水末端设置儿童戏水设施，给孩子们一个童梦乐园(见图5-35)。

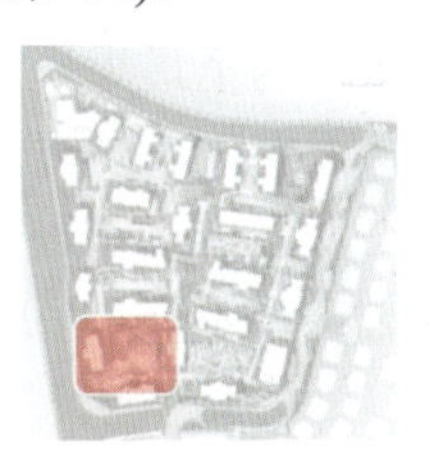

1. 看护区
2. 小童活动区
3. 中童活动区
4. 大童活动区
5. 丛林飘带
6. 趣味树屋
7. 全龄活动
8. 阳光草地
9. 微型农场

图5-34　龙湖舜山府项目翠林拾趣节点设计

图5-34　龙湖舜山府项目翠林拾趣节点设计(续)

图5-35　龙湖舜山府项目丝楠汇泉节点设计

重庆照母山龙湖舜山府二期

项目概况：龙湖舜山府二期择址城市核心，照母山森林公园腹地，占地面积284625平方米，竣工时间为2019年6月，小区户型为套内约137～354平方米的大平层(见图5-36)。项目依半山而建，为了最大程度提升居住环境的自然和山居的品质，龙湖舜山府遵循“借山、引绿”的设计理念，尊重自然的态度，最大限度减少对山体的破坏，在原生地貌上建筑多主题花园及中央水景，让照母山与社区景致交相辉映，营造出伴山而居的自然氛围，创造一个与自然共生的社区环境，呈现纯正的自然山居生活。

图5-36　龙湖舜山府二期项目区位分析

风格定位：小区景观设计为现代风格，小区设计理念为“森林里的私享庭院”，追求“大隐于城·小隐于林”“在自然中静观城市繁华，在城市中拥揽天地灵气”的景观设计意境。运用“乐水之庭、礼阅之庭、汇客之庭、森语之庭、沐享之庭”来再现隐贵生活(见图5-37)；运用“岩景、瀑景、石景、林景、湖景、崖景”的山林六景，打造与自然共同生长的庭院，重塑森林庭院(见图5-38)。

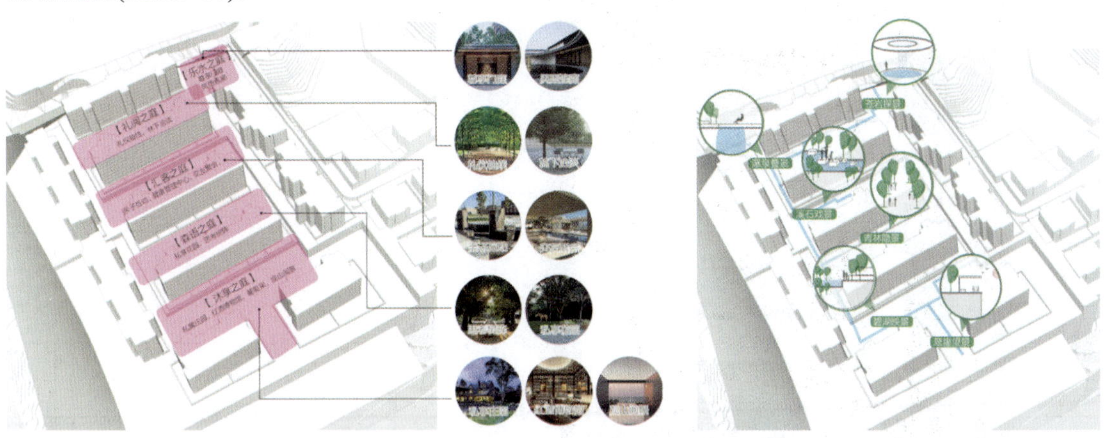

图5-37　龙湖舜山府二期设计愿景　　　　图5-38　龙湖舜山府二期灵感来源

布局结构：项目景观结构为“一脉·五庭·六景 ”，一脉是一条贯穿全园的连绵不断的水系脉络；五庭是五大主题庭院，分别为乐水之庭、礼阅之庭、汇客之庭、森语之庭、沐享之庭；六景是指六大山林之景，通过汲取山林六大特有景观，打造六大独特景观体验点(见图5-39)。小区出入口包括人行出入口两个、车行出入口两个、消防出入口一个；小区交通流线包括无障碍流线、一级二级归家流线、消防流线和入户流线，交通规划合理便捷(见图5-40)。

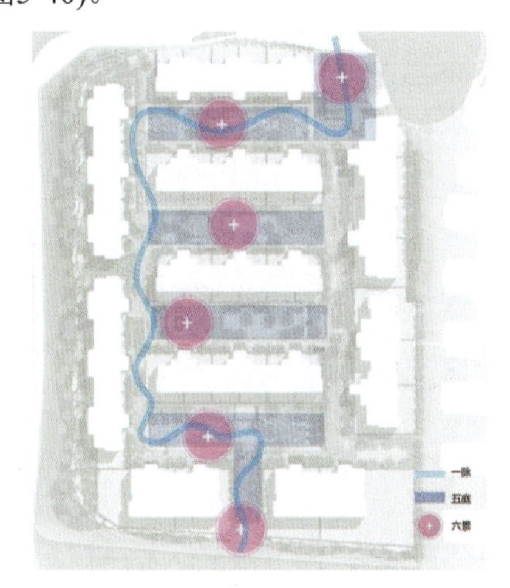

图5-39　龙湖舜山府二期景观结构

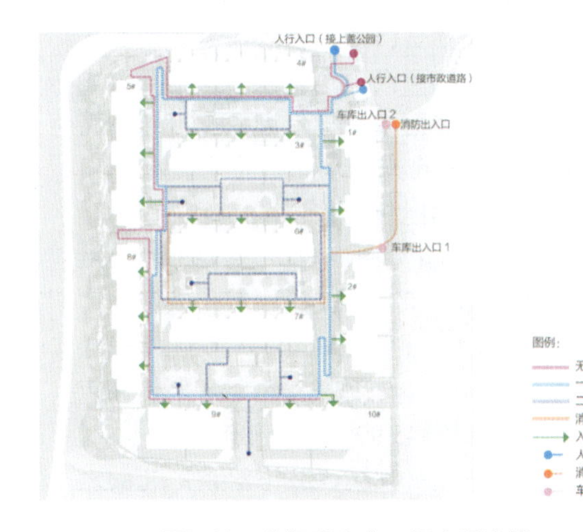

图5-40　龙湖舜山府二期交通流线

该项目景观经济技术指标为：红线面积41722平方米，建筑面积11315平方米，景观面积30407平方米，硬景面积7702平方米，软景面积22705平方米，水景面积795平方米，软硬比7∶3。项目有苍岩探景、仪式轴线、邻里交流、瀑泉叠景、溪石戏景、户外聚餐等19个景观节点，景观节点设计细节丰富、功能完善，充分体现了“森林里的私享庭院”的设计理念(见图5-41)。

图5-41　龙湖舜山府二期总平面图

重要节点设计：项目的重要节点主要是“乐水之庭、礼阅之庭、汇客之庭、森语之庭、沐享之庭”五大主要庭院，这五大主要庭院承担了尊享门庭、礼仪轴线、交友聚会、私享花园、观山阅景等功能，将六大山林之景完美地融合到小区的功能和景观造景中。

乐水之庭——尊享门庭、风雨连廊：乐水之庭景观节点以岩洞为意向塑造社区入口的第一画面，节点引入岩洞和落水的自然元素，打造独特的震撼记忆点给业主带来踏水而归的尊崇体验。

乐水之庭主要功能包括入口区、主入口体验空间、礼仪回转空间(见图5-42)；主要节点有社区入口、社区电梯入口、礼仪漫水、仪式空间、入口回廊、镜面水景(见图5-43)。节点高差较小，最低点为人行入口处海拔345.15米，最高点为礼仪回转空间海拔345.90米，高差0.75米。

图5-42　龙湖舜山府二期主入口功能分析图

礼阅之庭——礼仪轴线、林下洽谈：礼阅之庭景观节点设计运用阵列式轴线植物强化归家仪式，形成归家的礼序体验轴线；同时将自然的瀑泉引入庭院中，令业主感受到自然的生活氛围。该分区的主要节点包括回转空间、漫步廊架、瀑泉叠景、林下休憩、艺术雕塑、邻里交流、阳光树阵、对景雕塑、单元入户，规则与自然结合，形成具有仪式感的景观序列(见图5-44)。

乐水之庭

LE WATER COURT

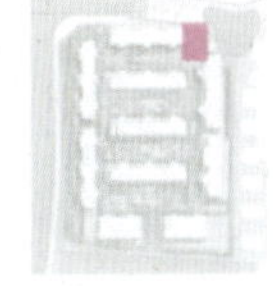

元素融入：

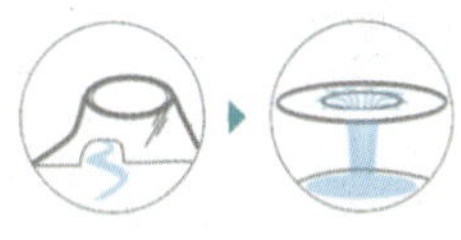

功能融入：

1 社区入口
2 社区电梯入口
3 礼仪漫水
4 仪式空间
5 入口回廊
6 镜面水景

图5-43　龙湖舜山府二期乐水之庭节点设计

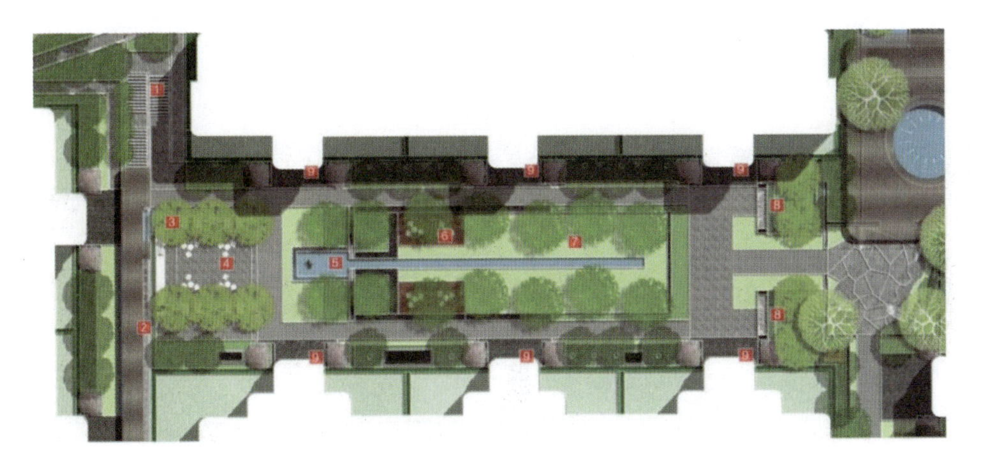

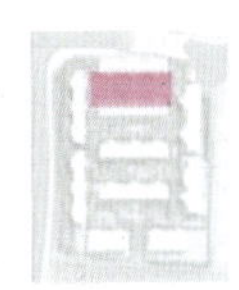

1 回转空间
2 漫步廊架
3 瀑泉叠景
4 林下休憩
5 艺术雕塑
6 邻里交流
7 阳光树阵
8 对景雕塑
9 单元入户

图5-44　龙湖舜山府二期礼阅之庭节点设计

图5-44　龙湖舜山府二期礼阅之庭节点设计(续)

汇客之庭——亲子互动、交友聚会：汇客之庭是整个社区的活力互动中心，以溪石为景，室内外相互交融，演变为全园的交友聚会场所。汇客之庭在设计中融入了溪水和汀步的元素，主要景观节点有溪石戏景、架空层(儿童功能)、架空层(健康管理)、漫步廊架、静享草地、户外聚餐、会客灰空间、单元入户等(见图5-45)。

图5-45　龙湖舜山府二期汇客之庭节点设计

森语之庭——私享花园、思考树阵：森语之庭分区设计是以山林为背景，坐揽一池春水，静享一林清风，打造一个静谧幽雅的森语庭院。森语之庭主要的景观节点包括静谧花园、思考树阵、静享草地、青林隐景、景观置石、单元入户、归家步道。该区域景观设计的元素有水体、树阵和森林，规则的树阵和自然的疏林草地结合，打造出静谧舒适的林下空间(见图5-46)。

图5-46　龙湖舜山府二期森语之庭节点设计

沐享之庭——私属庄园、观山阅景：沐享之庭景观区将远处的山倒映进湖泊，并引入其中，打造一个可观、可赏、可游的私属艺术庄园。

沐享之庭主要运用湖泊、溪水、山崖等景观设计元素，打造了林下交流、架空层(室内图书馆)、休闲树阵、红酒文化体验、架空层(艺术展览)、阳光草坪、休憩平台、回转空间、静谧花园、无边水池、林荫夹道、紫藤廊架、细水长流等景观节点(见图5-47)。

龙湖舜山府二期主要的景观区域的设计在于五庭，在植物配置中五庭的设计既有相同之处也有不同之处。

相同之处：全园的植物层次都是运用点景大树(造型朴树、极品皂荚)、骨架大乔(香樟、乌桕、榉树、冬青)、中层常绿(银杏、山杏、桂花、桢楠、香泡)、花乔(紫薇、樱花、紫玉兰、鸡爪槭)四个层次(见图5-48)。

不同之处如下。

乐水之庭是选用姿态妖娆的树形，结合主入口的回廊造型，烘托出主入口的尊贵品质，选用树种为造型朴树、造型冬青、偏冠鸡爪槭。

礼阅之庭追求的意境是自然林下的休憩庭院空间，营造一种舒适礼序的生活场景，林下听泉知了叫，春夏可知秋意美。选用树种为樱花(春)、银杏(秋)、香樟片林。

汇客之庭以姿态优美的树形为主，搭配治愈系的紫蓝色宿根花卉，营造出唯美的庭院空间，乌桕林下如诗般的聚会空间，也让人优哉游哉。选用树种为极品皂荚、紫薇(夏)、乌桕林、香泡。

图5-47　龙湖舜山府二期沐享之庭节点设计

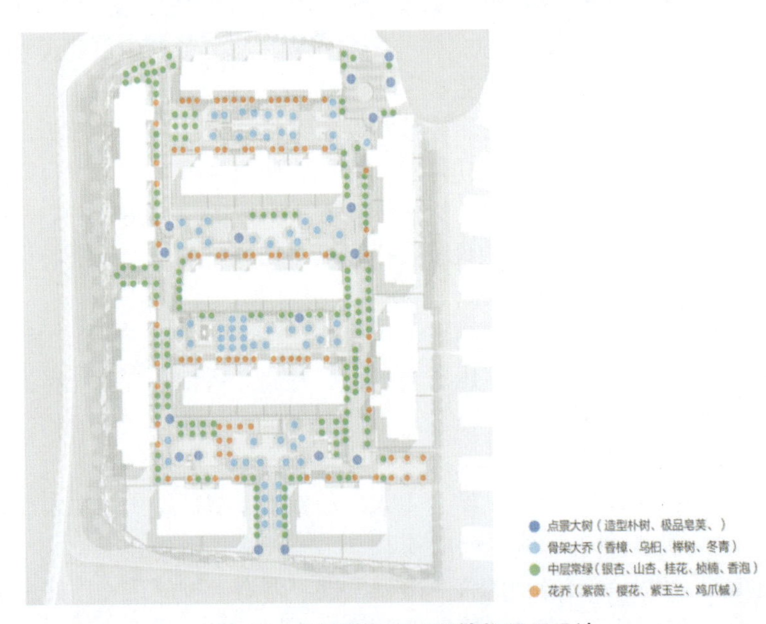

图5-48　龙湖舜山府二期植物景观设计

图5-48　龙湖舜山府二期植物景观设计(续)

森语之庭选用一些野趣的观赏草与条块绿墙衔接，使场地空间具有柔和之感。野趣的庭院，大树下的冥想，玉兰花香沁人心脾。选用树种为皂荚、玉兰(春)、桢楠林、榉树、桂花、冬青。

沐享之庭是以修剪体块、竖线线条的绿篱及耐修剪的大圆球的方式，展现此庭院的浓厚贵族气息。选用树种为大朴树、榉树树阵、皂荚、银杏林(秋)、樱花(春)、香樟(片林)、山杏(春)、紫薇(夏)。

在植物的设计上，全园既统一又各具特色，做到了四季见绿、四季有景。

第三节　别墅居住区景观设计案例

一、别墅居住区景观设计特点

别墅居住区景观设计包括除别墅建筑以外的居住区室外环境部分，可以分为两个方面，即居住区公共绿地和私人庭院。别墅居住区的住宅建筑，可以分为以下几种类型。

1) 独栋别墅住宅

定义：独门独院，上有独立空间，下有私家花园领地，是私密性很强的独立式住宅，房屋周围有面积不等的绿地、院落。此类型是别墅建筑历史最悠久的一种，也是别墅居住区建筑的终极形式(见图5-49)。

特征：私密性强，市场价格较高，定位多为高端品质。此类独立式别墅住宅建筑是本书研究别墅居住区私家庭院空间的主要住宅建筑类型。

2) 联排别墅住宅

定义：又称 Townhouse，有天有地，每户独门独院，设有车位，有地下室。由几幢小于三层的单户别墅建筑组成，几个单元共用外墙(见图5-50)。

特征：注重项目选址，交通较方便；价位较低，为中产和新贵阶层量身打造。

图5-49　独栋别墅住宅

图5-50　联排别墅住宅

3) 双拼别墅住宅

定义：由两个单元的别墅建筑拼联组成的单栋别墅，在美国被叫作“two family house”，直译为两个家庭的住宅(见图5-51)。

特征：与联排对比而言，除了有天、有地、有独立的院落外，社区密度低，住宅采光面增加，拥有了更宽阔的室外空间；低层小楼加上私家花园，加强与户外空间交流。

4) 叠拼别墅住宅

定义：是Townhouse的一种延伸，在综合情景洋房公寓与联排别墅建筑特点的基础上产生，由多层的复式住宅叠加在一起组合而成，下层有花园，上层有屋顶花园(见图5-52)。

特征：购买人群是社会上的中产阶层；稀缺性、私密性较单体别墅建筑要差。

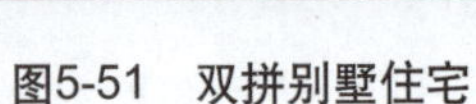

图5-51　双拼别墅住宅

图5-52　叠拼别墅住宅

5) 空中别墅住宅

定义：空中别墅建筑发源于美国，称为“penthouse”，即“空中阁楼”，原指位于城市中心地带、高层顶端的豪宅。

特征：空中别墅建筑与普通建筑相比，具有地理位置好、视野开阔等优势，给人高高在上、饱览都市风景的感觉；比普通房挑高多几十厘米；通风更顺畅，采光度很好。

二、别墅居住区景观设计案例解析

融创·九宸府 别墅区景观概念设计

项目概况：项目位于贵阳市龙里县谷脚镇香樟岩，紧邻贵龙大道，距主城区8公里，距龙里火车北站7.5公里，周边道路完善(见图5-53)。离主城区较远，生态环境良好，以丰富的自然生态资源为依托，集区域规划、教育、品牌、项目配套于一体，在远离城市喧嚣的同时，打造高品质住宅生活圈(见图5-54)。

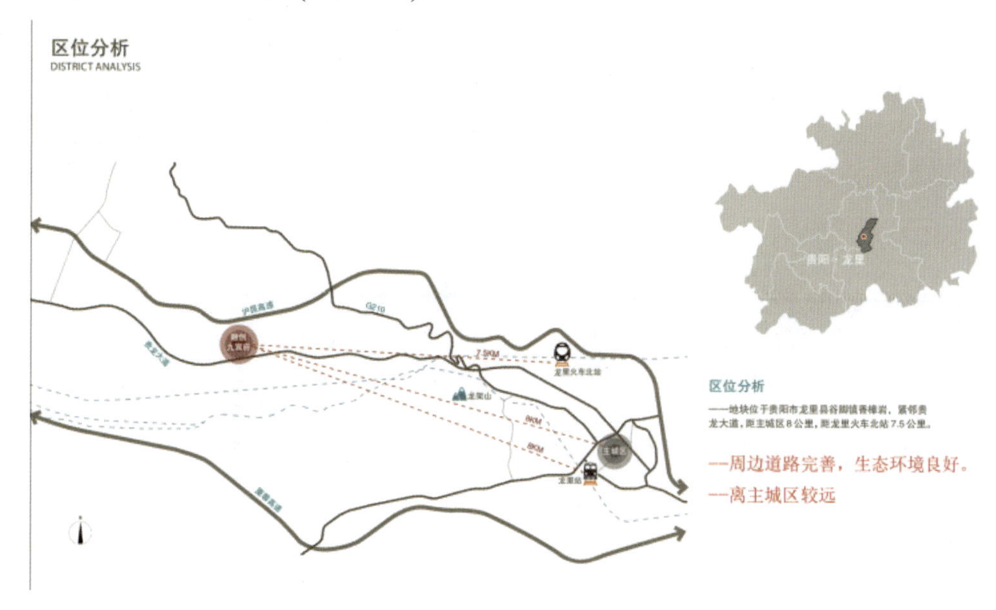

图5-53　融创•九宸府项目区位分析

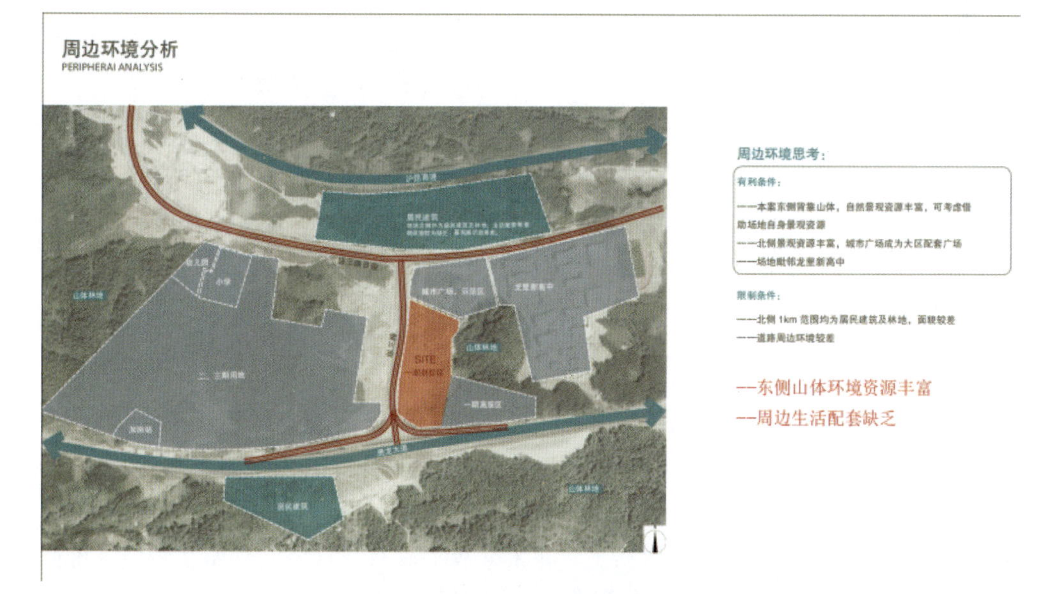

图5-54　融创•九宸府项目周边分析

风格定位：风格为中式风格。项目以“山水境 • 诗意居”为设计主题，定义为有当代山水田园精神的传世宅院。项目延续古甬至今的“星辰”文化，重新定义尊贵府院生活，旨在造就一处尊贵典雅的居住府苑。以三轴构天地、四园显宅府、六区文艺浓的设计手法，实现现代与传统的碰撞，打造区域独有的中式景观风格。

布局结构：项目的景观结构为“三轴、四园、六庭、九巷”(见图5-55)，三轴指十字府院轴、绿廊纯林轴和康体轴；四园分别是山石见留园、文墨印拙政、精筑构狮林和良木显沧浪；六庭是六个主要景观节点，包括奇石园 、空园、北区儿童区、康养健身区、南区儿童区和形象主入口；九巷则是从《诗经》中提取出具有美好寓意的中国传统植物，包括梅、梨、桃、海棠、木瓜、郁李、木槿、紫薇和榆，分别设计了梅花巷、甘棠巷、桃夭巷、海棠巷、舜华巷、常棣巷、琼琚巷、紫薇巷和榆巷。

图5-55 融创•九宸府项目景观结构

项目有形象主入口、北人行入口、精筑构狮林、奇石园、空园、儿童区和康养健身区等11个景观节点(见图5-56)，功能丰富，满足居民观赏和使用的需求。项目出入口有消防出入口、地下车库出入口和人行主入口，内部交通流线有主园路、次园路和入户道路，结构清晰，布局合理，满足人、车、消防需求(见图5-57)。

重要节点设计：该项目的重要节点为文墨印拙政、精筑构狮林、山石见留园、良木显沧浪和主入口空间，四园是以“苏州四大名园”狮子林和拙政园、留园、沧浪亭为原型，展现项目设计理念“山水 • 诗意”的主要节点，主入口空间是整个小区的形象展示。

文墨印拙政：文墨印拙政是以苏州四大名园的拙政园为原型来设计的，拙政园林的特点是全园以水为中心，山水萦绕，厅榭精美，花木繁茂，具有浓郁的江南水乡特色。因此文墨印拙政的设计运用了曲溪、泉、池、石和榭等元素(见图5-58)。

该园由曲水流觞、洗笔泉、孤植岛、室外会客厅、休憩平台、休憩坐凳、景观置石、林荫步道和墨池九个节点组成，运用“曲水流觞”主题水景打造品质空间；山石堆砌形成溪瀑，模拟自然山水气氛；孤植岛用造型松点景，形成静谧、禅意气氛；漂浮在水面上的廊架，营造禅意、安静的休憩空间(见图5-59)。

图5-56 融创•九宸府项目总平面图

图5-57 融创•九宸府项目交通流线分析

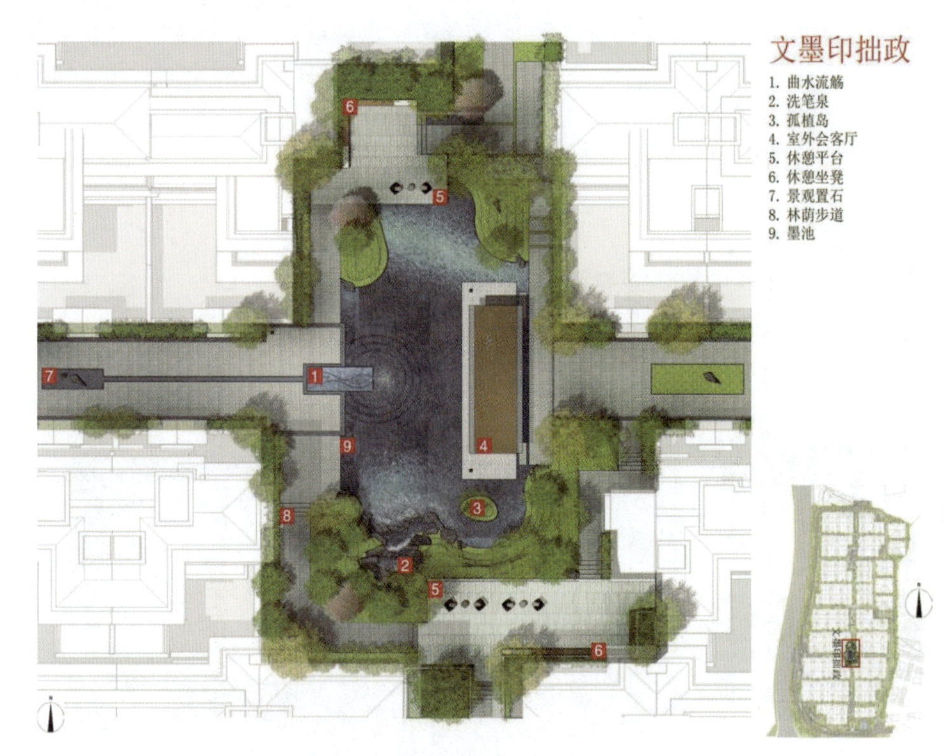

图5-58　融创•九宸府项目文墨印拙政节点平面图

图5-59　融创•九宸府项目文墨印拙政节点效果

精筑构狮林：精筑构狮林是以“苏州四大名园”之一的狮子林为原型进行设计的。苏州狮子林因园内石峰林立，多状似狮子而得名。园内的湖石假山多且精美，建筑分布错落有致，有苏州古典园林亭、台、楼、阁、厅、堂、轩、廊等人文景观，以湖山奇石、洞壑深邃而盛名于世。因此在精筑构狮林的设计中也是运用了山石、亭台、水池等传统园林元素。

园区由休憩节点、造型树池、趣味跌水、亲水汀步、景墙、锦鲤池、鱼群雕塑、休闲亭、健身空间九个节点组成，运用下沉水中休闲亭，构成舒适的交流空间；鱼群雕塑，形成趣味的视觉感受；林下休闲坐凳，打造轻松的活动空间；精致的植物搭配，营造优美的居住环境；轻型健身空间，让健身无处不在(见图5-60、图5-61)。

图5-60 融创•九宸府项目精筑构狮林节点平面图

图5-61 融创•九宸府项目精筑构狮林节点效果

山石见留园：山石见留园是以苏州著名园林留园为原型进行设计的，园内亭台楼阁、奇石曲廊，加上满园的绿意和一汪碧水池塘，移步异景，景致很是秀气。在这里，可以体会一种园林山水之间的平淡气息。留园三绝是冠云峰、楠木殿、鱼化石，其中太湖石以冠云峰为最，有“不出城郭而获山林之趣”之说。

因此山石见留园的设计中也运用了曲径、跌水、山石等元素，打造了镜面水池、造型树池、镜面跌水、休憩坐凳、叠水水景、景墙、景观雕塑、阳光草坪、休憩木平台九个景观节点(见图5-62)，蜿蜒曲折的道路，随地形拾级而上，形成曲径通幽的步行空间；随地形高差变化的树池，形成丰富的空间；充满禅意的水景，打造空间品质感；景墙和景观雕塑，形成视觉焦点。山石见留园以水景为纽带，以山石为点缀，利用地形、道路、景墙、树池等元素，营造出步移景异、小巧灵动的景观空间(见图5-63)。

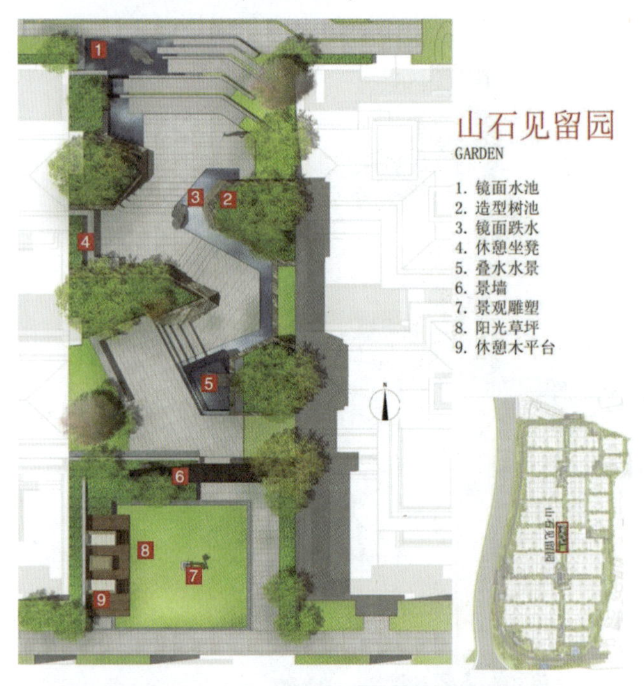

图5-62　融创•九宸府项目山石见留园节点平面图

图5-63　融创•九宸府项目山石见留园节点效果

良木显沧浪：良木显沧浪是以苏州园林沧浪亭为原型进行设计的，沧浪亭园内以山石为主景，山上古木参天，山下凿有水池，山水之间以一条曲折的复廊相连。沧浪亭主要景区以山林为核心，四周环列建筑，亭及依山起伏的长廊又利用园外的水画，通过复廊上的漏窗渗透作用，沟通园内、外的山、水，使水面、池岸、假山、亭榭融为一体。园中山上石径盘旋，古树葱茏，箬竹被覆，藤萝蔓挂，野卉丛生，朴素自然，景色苍润如真山野林。

因此良木显沧浪园区设计也融入了山石、水景、亭、漏窗、山林等元素，打造了景墙、景观砾石、阳光草坪、休憩凉亭、休憩空间、叠水水景、趣味汀步、造型树池、水中树池等景观节点。独特形状的月洞景墙，既形成框景，也自身成景；趣味特色跌水，增加园区的活力；趣味汀步，加强与水的互动性；水中樱花，营造浪漫花雨；休憩平台，营造私人休闲空间；室外会客区，形成安逸的交流空间(见图5-64、图5-65)。

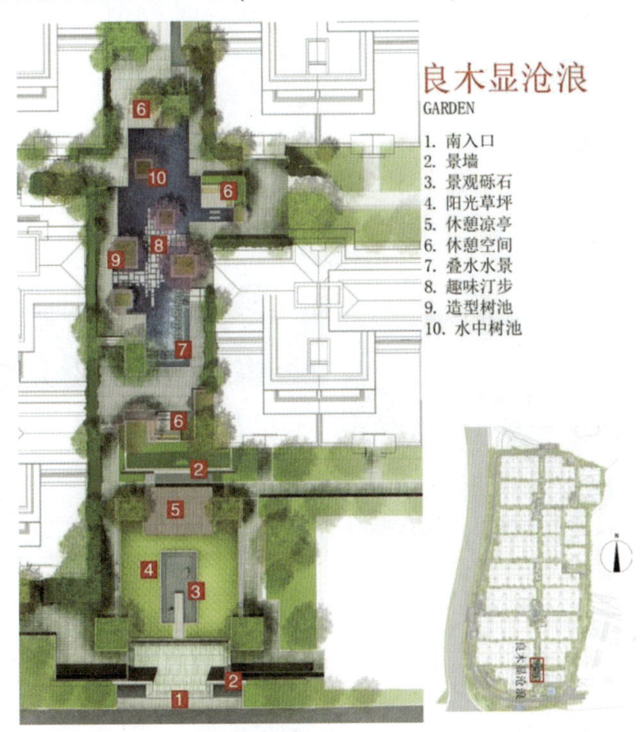

图5-64　融创•九宸府项目良木显沧浪节点平面图

图5-65　融创•九宸府项目良木显沧浪节点效果

形象主入口：形象主入口既是整个小区的形象标志，也是小区最重要的出入口，包含了人行主入口、两个地下车库出入口和消防出入口，因此形象主入口既发挥了形象展示的功能，也发挥了管理、通行、等待的功能(见图5-66)。

图5-66 融创•九宸府项目主入口节点设计

成都御岭湾别墅一期

项目概况：“御岭湾”位于成都的东郊，距市区约18公里。项目用地四面环山，中间为狭长的湖水，水面最窄处约60米(大桥的位置)，最宽处约300米，长约2000米，水面面积约800平方米。湖水的补水来自周边山谷的雨水，在雨水经过的区域形成了溪谷，由于溪谷坡度比较大，很多经过溪谷的溪流是季节性溪流。凸出的山体将湖面分割成多个湖湾，包围山体成为半岛，“御领湾”就坐落在这些湖湾边、半岛上以及溪谷两侧(见图5-67)。

图5-67 御岭湾项目区位分析

风格定位：遵循总体规划的美式风格，以美国音乐为主题来统一规划建筑及景观设计。

美国音乐主题与项目的所在地的热情而温暖的湖区气候以及富有韵律感的自然山水是一致的。景观设计采用象征以及具象并举的设计手法来体现音乐主题。

利用项目工程分期实施计划将景观设计分为几个组团，每一个组团引入一种美国主流音乐风格作为设计主题。各组团音乐题材秩序是沿美国音乐的时间顺序而展开的(见图5-68)。有

“美洲土著风情景观”“布鲁斯之乡”“美洲音乐剧之乡”“乡村音乐之乡”“欧洲音乐之乡”“爵士音乐之乡”，而一期案例的主题是“欧洲音乐之乡”。

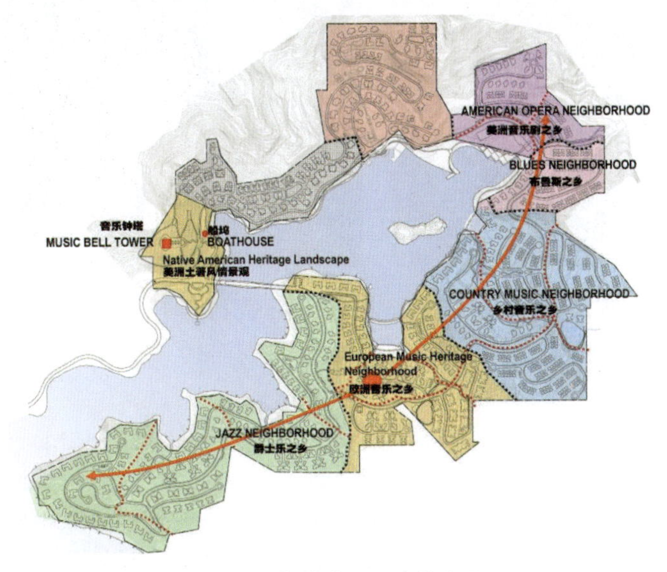

图5-68　御岭湾项目功能分区

布局结构：一期的“欧洲音乐之乡”作为北美音乐的起点，拉开了北美主题音乐体验的序曲(见图5-69)。一期的景观设计综合了印第安公园、大桥、森林大道以及四大别墅组团的全面设计。一期有大面积的以音乐为主题的公共景观，它们分别是印第安公园的音乐钟塔、可以展示美国音乐历史的具有博物馆功能的景观标志大桥、吉他公园、音乐厅和室外圆形剧场、竖琴雕塑喷泉、钢琴池塘、自然的音乐落水及桃园等(见图5-70)。项目的交通流线包括车行道、人行道、回车场，车行路网满足居民开车入户的需求，人行路网结合景点的设计在人们的日常行走、休闲、晨练的路途中提供不同的视觉体验(见图5-71)。

图5-69　御岭湾项目功能分区总平面图

图5-70　御岭湾项目景观结构

图5-71　御岭湾项目交通流线

重要节点设计：项目的重要节点包括印第安入口公园、景观大桥、吉他公园、音乐厅和圆形剧场、“音乐之声”落水瀑布、钢琴池塘等。

印第安入口公园：采用美国早期音乐为题材。由于人们对这种由北美大陆原住民演奏的带有原始古朴特征的早期音乐知之甚少，相应地，景观设计也保持自然而简洁的设计手法。通向大桥的故意弯曲的道路给人一种神秘感，让人期待去发现探寻原生态的美国早期文化。门卫室采用自然表面的石料以及暗色而粗糙的木构架增加了这种神秘感，桥头粗糙石头表面的喷泉为这一路程增加了一份宁静的神秘感。在公园南侧的半岛设计环形的人行步道，并在步道的尽端设计供人们休息观望湖水的瞭望台(见图5-72)。

图5-72　御岭湾项目公园节点设计

景观大桥：大桥联系了神秘的美国早期音乐与我们所熟知的美国音乐历史。美国音乐发源于欧洲，因此桥的样式也反映了欧洲的文化遗产与建筑风格。人们可以通过设在石头桥亭内的电梯或是楼梯到达设于大桥中央的公园小岛，街头音乐家也可以在桥亭演奏，形成大桥的文化风景(见图5-73)。

经过设计的景观大桥可以作为一个线形的美国音乐博物馆，并设置桥亭等瞭望台，让人们在欣赏湖水的同时能够感受美国音乐。

(a) 御岭湾项目景观大桥节点效果

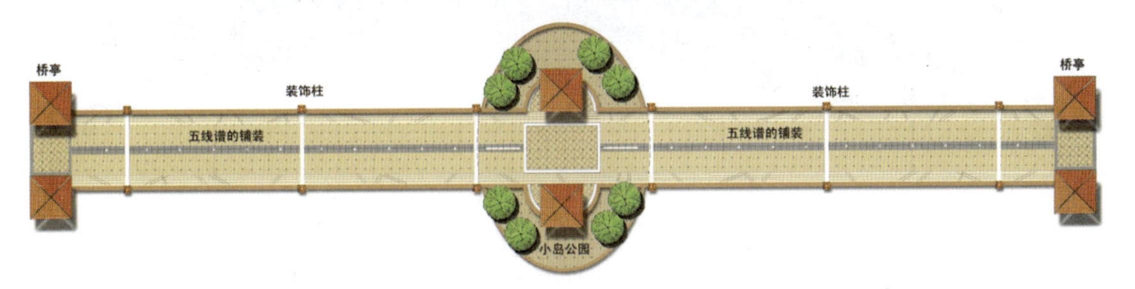

(b) 御岭湾项目景观大桥节点平面图

(c) 御岭湾项目景观大桥节点立面图

图5-73　御岭湾项目景观大桥

吉他公园：按照美国音乐流派的顺序，经由大桥进入的是欧罗巴经典音乐题材景观的第一站——吉他公园，公园采取了与它的名字一样浪漫的几何形状。吉他公园的景观要素设置在满足日常休闲的同时也提供了音乐演奏的功能。人们可以在中央大片的吉他形状的草地上放风筝、游戏、休憩，坐在有高大乔木遮蔽的台阶上欣赏湖水，或是欣赏一个小型的演奏。一个专门设置的美国经典样式的演奏台延续了音乐的主题，强化了公园的音乐题材(见图5-74)。

图5-74　御岭湾项目吉他公园节点设计

音乐厅和圆形剧场：在通向高尔夫球场的景观大道边设计了音乐厅和室外圆形剧场，作为整个小区的一个景观焦点，这个焦点同时也是一期景观的核心所在。音乐厅的设计借鉴了位于美国马萨诸塞州坦格尔伍德的著名室内外音乐厅，音乐厅的墙体设计成可移动的，天气晴朗时可在圆形广场进行户外音乐演出，天气不允许的话，就在户内演出。音乐厅还可以用于舞会以及其他的社区活动，也可以作为一期的临时会所。位于音乐厅及湖湾之间的开阔地是圆形草坪剧场，剧场的形式借鉴了欧洲18世纪典型的室外圆形剧场，就像英格兰的Claremont剧场一样(见图5-75)。

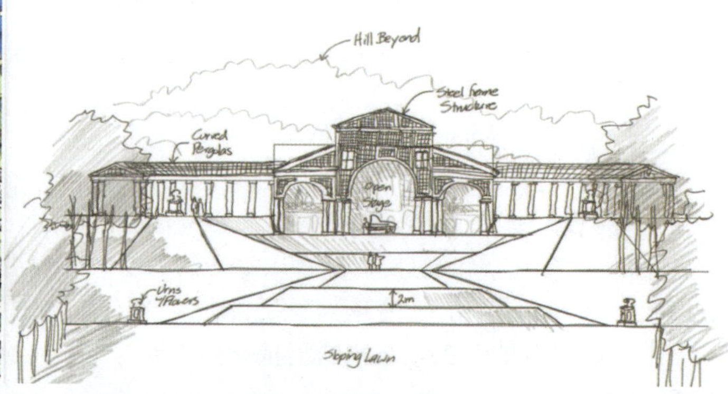

图5-75　御岭湾项目音乐厅和圆形剧场节点设计

图5-75 御岭湾项目音乐厅和圆形剧场节点设计(续)

“音乐之声”落水瀑布：音乐厅位于山的制高点，在这里可以看到湖的全景，看到湖泊落水区以及下游山脚下的清水池塘。湖泊以及池塘的补水来自自然的山水。山水经过形成的河流以及小型水体都要经过景观的处理，对山水进行过滤，保证进入景观区域的水没有淤泥及杂质。在音乐厅椭圆形的停车广场南侧设计了桃园，这也是龙泉驿区的生态标志之一。不论是在中国还是美国，桃园以及鸟鸣都能激发作曲家的创作灵感，这里整合了这两种元素(见图5-76)。

钢琴池塘：位于河水上游的钢琴池塘为人们提供了另一个有草坪以及盛开着鲜花的室外休闲花园。公园内弯曲的人行桥就像是一个空白的五线谱，而行走其上的行人就像是一个个音符在创作他们自己的音乐。在这样一个有诗意的小公园里，人们可以坐在“雨亭”观看对面的假山瀑布，可以放松地散步、阅读或是晨练。公园以及池塘的形状延续了自然池塘以及山体的形状，最大限度地保持原有的地形地貌以及生态环境(见图5-77)。

图5-76 御岭湾项目“音乐之声”落水瀑布节点设计

图5-76　御岭湾项目“音乐之声”落水瀑布节点设计(续)

图5-77　御岭湾项目钢琴池塘节点设计

别墅庭院设计：所有的别墅单元采用了典型的美国或是欧洲的设计风格，并且不论是湖岸还是山顶的独栋别墅都有完整的私家花园。四个一组的别墅采用围绕着一个中心庭园的设计方式(见图5-78)。

图5-78　御岭湾项目别墅庭院节点设计

第四节　混合式居住区景观设计案例

一、混合式居住区景观设计特点

混合式布局空间形态丰富，并且兼顾了各类布局的优缺点，便于因地制宜地进行布局。但是混合式布局的居住区往往是大型住宅居住区，居住人口多，环境较为复杂。

二、混合式居住区景观设计案例解析

莆田保利城（七期）景观成果方案

项目概况：项目位于涵江城区西部，东至环城西路、西至香林街、南至城涵东大道、北至六一路，以居住、商业、文化等城市综合功能为主导，将该片区建设成集居住、商贸、旅游、文化于一体的综合服务基地。

涵江区在新一轮城市竞争中通过开发“一核四翼”城市新格局，打造现代新城。“一核”，即主城核心区。以福厦路为主轴，该区拟用 5 年时间完成沿线下洋、 电影院、地税小区等十一大片区改造，拆迁 670万平方米。通过连片式旧城改造，在老城区打造一批精品工程，形成整洁统一、色调协调、形象美观的建筑体系，构筑中心主城一道新的风景线，着力开发集休闲、生活、服务于一体的城市新型综合区。

项目周边水资源景观丰富，有较为成熟的配套服务。距离主城区约70公里车程1小时，到莆田站约 95公里需1.5小时。基地周边教育、医疗、商业产业配套设施完善，将为区域持续引进购买力强的客群(见图5-79)。项目建筑布局北侧为高层住宅，形成“一字”空间，南侧为叠墅＋院墅，宅间园路为主。

风格定位：纷扰的世界中，一片安宁愉悦的岛屿，离开厌倦和疲惫的残酷现实，来到微风吹拂的岛屿，寻找心灵的放松。

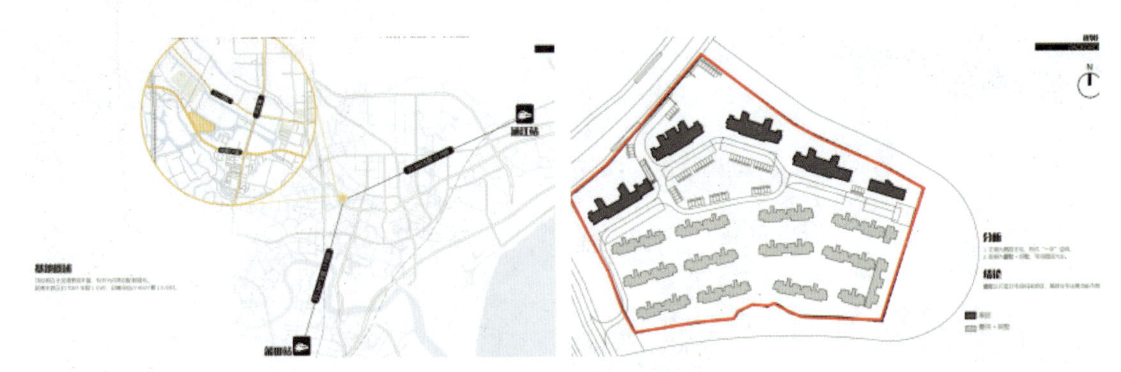

图5-79　莆田保利城项目概况

布局结构：项目景观结构由“两轴、一环、九岛”构成(见图5-80)。两轴是东西向和南北向两条主要景观轴线，一环是中心景观环，九岛对应的是九个重要景观节点：迎宾岛(主入口)、乘风岛(景观会客厅)、林下岛(休闲空间)、欢乐岛(儿童活动)、海角岛(宅间休憩)、归家岛(入户客厅)、时光岛(别墅公园入口)、听涛岛(滨水平台)、赏月岛(公园)。

(a) 莆田保利城项目景观结构

(b) 莆田保利城项目交通流线

(c) 莆田保利城项目总平面图

图5-80　莆田保利城项目

重要节点设计

迎宾岛——主入口景观设计：层层递进多重空间礼遇归家体验，设计多区间体验，为业主打造便捷舒适的归家流线。主次入口区域强调礼仪性，中轴设计手法，结合水景、树阵设计；根据业主归家流线设计多区间体验：落客区—入口广场—大堂—庭院园路—单元入户，从入口登堂到入户层层铺展递进，多重礼序打造尊贵的归家体验空间(见图5-81)。

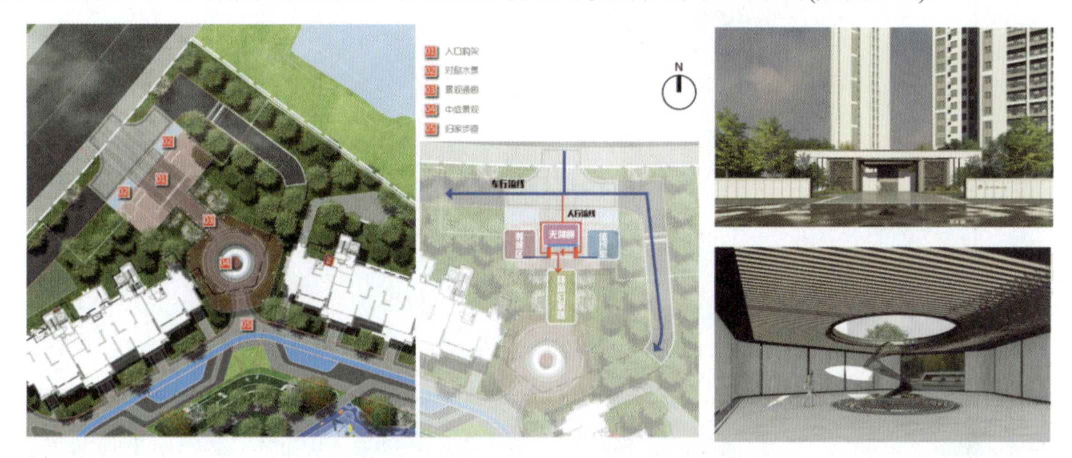

图5-81　莆田保利城项目迎宾岛节点设计

乘风岛——景观会客厅区景观设计：社区会客厅为住宅区提供一处日常休闲娱乐的好去处，是一处集会见亲朋、家庭互动、社区活动等于一体的多功能场所。

游艇造型构架，寓意乘风破浪，特色构架结合阳光草坪和水景，营造舒适的观景感受，为住户提供户外休憩场所，营造惬意小天地；社区会客厅集合了储物、休闲、会客等多种功能，满足住户各种需求，同时起到了调节场地微气候的作用，配合雕塑活跃空间气氛，为家庭户外休闲活动提供惬意空间(见图5-82)。

图5-82　莆田保利城项目乘风岛节点设计

欢乐岛——儿童活动区景观设计：欢乐岛儿童活动区是一个适龄、安全、充满趣味性的儿童活动场地，为亲子交流和孩子间的协同活动提供针对性空间，能让孩子们自由地表达自己的想法，尽情释放爱玩的天性。

设计运用了海洋主题，海洋主题儿童活动乐园，在保证安全的前提下提供趣味性与智力激发的功能模块，促进亲子交流，增进感情，结合休憩健身区，动静两宜，选择色彩鲜艳、开花、结果、有香味以及形态独特的植物品种，激发儿童的好奇心，从而调动其探索欲，同时设植物课堂二维码，发挥其科普作用(见图5-83)。

图5-83　莆田保利城项目欢乐岛节点设计

时光岛——别墅公园入口区景观设计：叠墅宅间的通行空间，结合休憩平台空间功能互融；密植植物营造生机清新的生活环境；林荫空间结合舒适的观景平台，营造舒适的观景感受；提供户外休息场所，营造惬意小天地，为家庭户外休闲活动提供惬意空间(见图5-84)。

图5-84　莆田保利城项目时光岛节点设计

图5-84 莆田保利城项目时光岛节点设计(续)

听涛岛——滨水平台区景观设计：听涛岛是滨水观景区，拥有独特的观景视角，舒适惬意。台阶式的座椅与地形相结合，打造安静舒适的林下亲水空间(见图5-85)。

图5-85 莆田保利城项目听涛岛节点设计

赏月岛——公园构架景观设计：赏月岛是结合休憩功能的居住区公园，植物配置丰富，有多处阳光草坪、亲水平台、休息平台，舒适惬意，为住户提供一处特别的公园休憩空间(见图5-86)。

图5-86 莆田保利城项目赏月岛节点设计

图5-86　莆田保利城项目赏月岛节点设计(续)

设计评析：项目的景观设计手法结合自然地形与环境特点，灵活自然，充分考虑人的感受。由于有着优越的地理位置，因地制宜地发展了错落有致、气氛活泼的景观节点，并以划分铺地、特色树池等方式辅以相应的景观。住宅组团内部景观充分考虑人的视觉感受与行为特点，给予居住者温暖、自然的生活氛围。

郑州B-11地块景观概念设计

项目概况：项目位于郑州市新密区高洼街，地处郑南发展主轴——大学南路，紧邻地铁7号线(规划中)高洼站，交通便利(见图5-87)。项目规划13栋18层小高层、4栋8层、9层臻洋房，户型为建筑面积约103～119平方米的新中式风格，以方正阔厅，南向三面宽、四面宽设计，营造美好舒适生活。超100米阔绰楼间距和2.0的容积率，为住户提供高品质生活享受(见图5-88)。

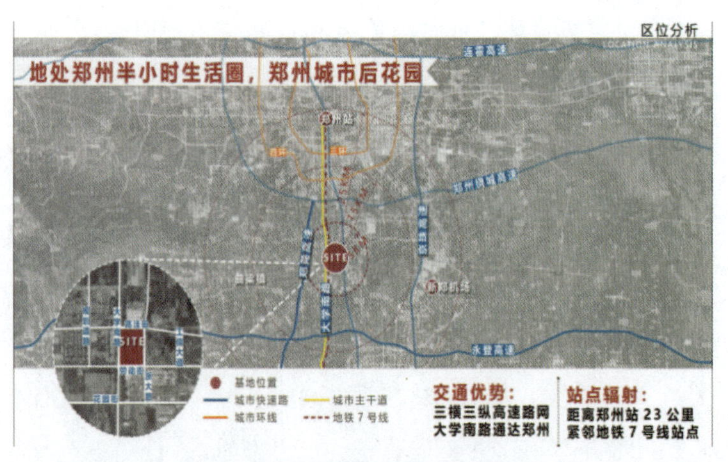

图5-87　B-11地块项目区位分析

风格定位：风格定位于新中式风格，设计理念来源于宋代释师范《林泉野人》的“渴则掬泉饮，健则穿林去。四时适吾意，万巷为吾侣”。取诗中“林”“泉”“巷”三个关键词，“林”本义是“树木”，形成最自然的空间，后引申为凡是人或者事物会聚、汇集处。“中林士”指在林野中隐居的人，他们所追求高层次的隐逸生活是在都市繁华之中的心净。“泉”本义是地下涌出的水，即水源，也泛指江河湖海之水。“泉石之乐”比喻生活在山水园林之中，抚琴赏景、交谈游乐，享受自在的诗意栖居。“巷”，释义人们共同使用的道路，一般指仿制城市的坊内道路。“烟花巷陌”为道路纵横交错划分出不同尺度的空间，引导游人穿行其中，体验步移景异的氛围享受(见图5-89)。

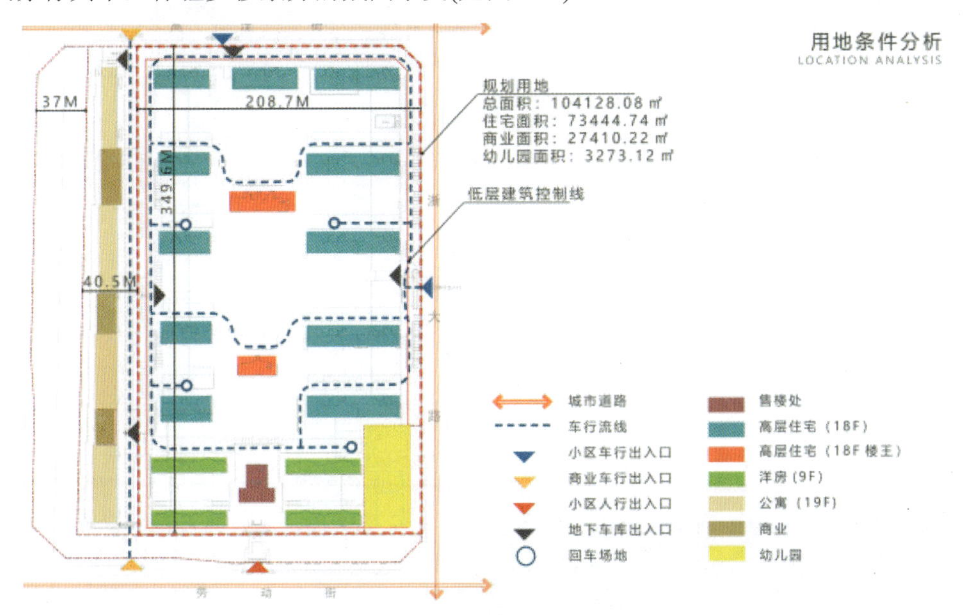

图5-88　B-11地块项目用地分析

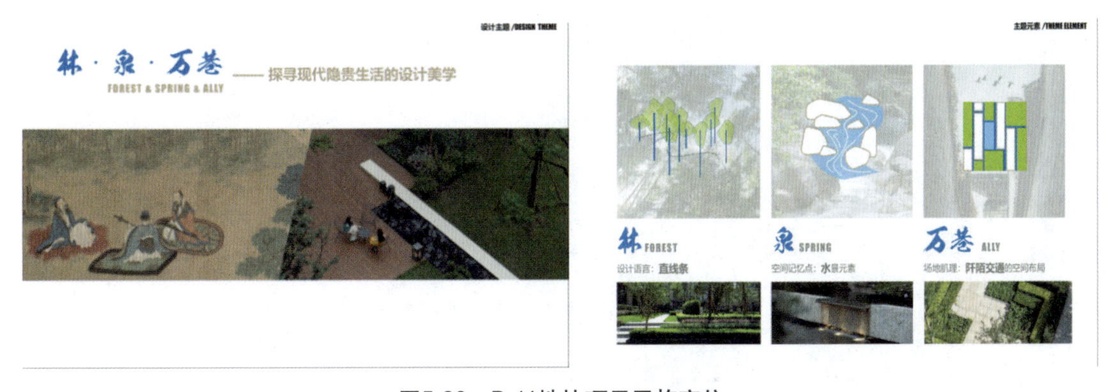

图5-89　B-11地块项目风格定位

布局结构：项目布局结构为“一环、两轴、多花园”。“一环”是环小区设置的800米慢跑环道，“双轴”是南北礼仪景观轴和东西生活景观轴，“多花园”是指多个多功能宅间花园(见图5-90)。项目交通流线包括车行流线、人行流线、入户道路和慢跑的，交通便利、流线清晰(见图5-91)。项目节点丰富，充分考虑老人、儿童运动游戏等活动需求，并结合植物、水景等元素，打造富有人性化的住宅景观(见图5-92)。

重要节点设计：项目重要节点包括示范区空间、林荫广场、景观会客厅、入口景观空间、社区泛会所、多功能宅间花园。

示范区空间：景观采取一进堂、二进庭、三进园、四进门的景观序列，示范区总面积5233平方米，包括了主入口广场、社区会所、休闲会客平台等景观节点(见图5-93)。

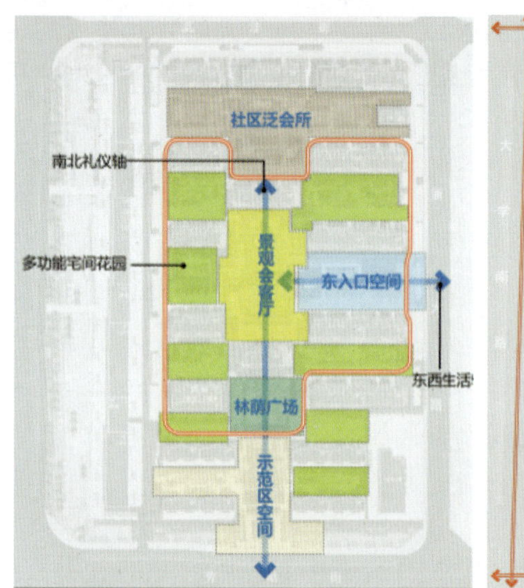

图5-90　B-11地块项目景观结构

图5-91　B-11地块项目交通流线

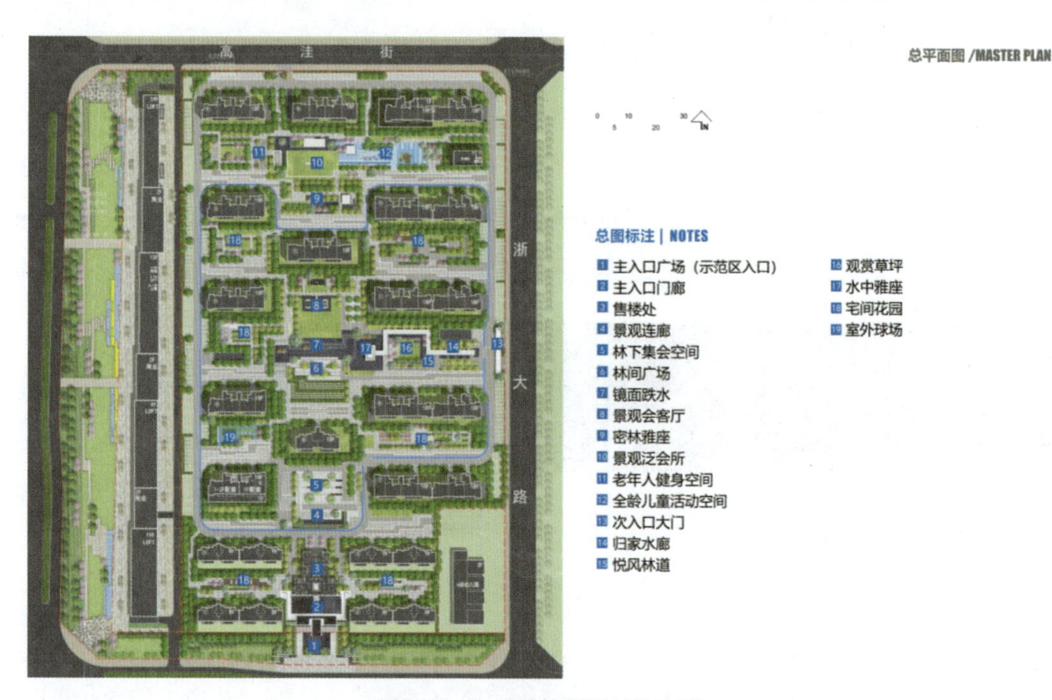

图5-92　B-11地块项目总平面图

林荫广场：林荫广场景观设计运用水景和会客廊架围合大尺度台地树阵广场，打造全区最大的社区集会中庭，特色座椅装置为场地提供多种使用策略(见图5-94)。

景观会客厅：景观会客厅运用修剪灌木搭配挺拔乔木围合出尊贵会客空间，观赏草坪布置艺术雕塑凸显雅致氛围(见图5-95)。

入口景观空间：东西生活轴的入口景观空间利用高差打造“拾级而上”的归家水廊，终端的大水面营造静谧归家的“隐奢体验”(见图5-96)。

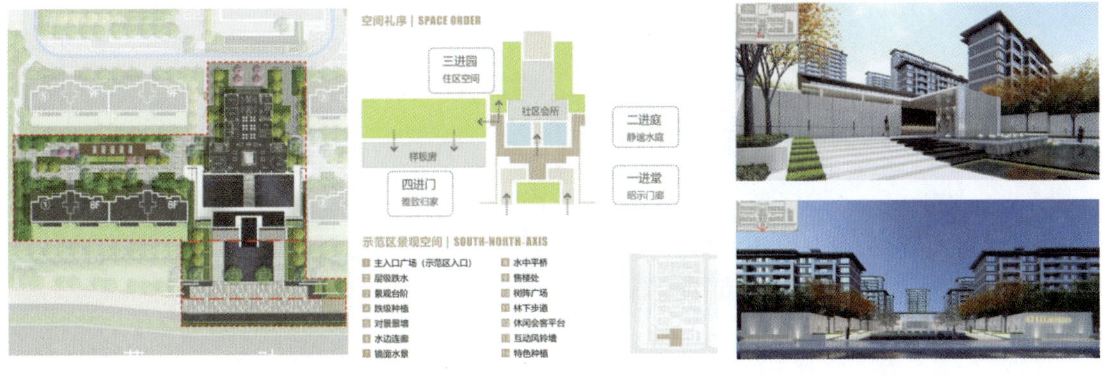

图5-93　B-11地块项目示范区节点设计

图5-94　B-11地块项目林荫广场节点设计

图5-95　B-11地块项目景观会客厅节点设计

社区泛会所：社区泛会所景观设计包括林荫活动空间、水景会客厅、溪林秘境、童梦天地四个功能区域，将北侧宅间绿地组合成复合型全龄活动场地，满足不同年龄段业主的各类活动需求(见图5-97)。

多功能宅间花园：多功能宅间花园包括静谧阅读空间、邻里洽谈空间、户外聚餐、竞技球场、香氛办公花园、外摆空间和林下阅读花园，功能丰富、动静结合(见图5-98)。

平面标注 | PLANE LABELING

1 入口 logo 景墙
2 入口大门
3 门卫岗亭
4 迎宾广场
5 地下车库出入口
6 镜面水景
7 跌级小溪
8 水中风铃连廊
9 礼仪草坪
10 休闲会客广场
11 水中卡座
12 中心跌级水景
13 镂空框景墙
14 花林广场

图5-96　B-11地块项目入口景观空间节点设计

社区泛会所

宅间景观空间

北侧宅间组团结合会客功能打造复合型全龄活动场地，满足业主各类亲子健身、邻里交流的活动需求，打造社区品质泛会所。

功能分区 | FUNCTION DIVISION

平面标注 | PLANE LABELING

1 镜面水景
2 溪林广场
3 休憩构架
4 背景林木
5 多功能运动草坪
6 点景小品
7 水中种植
8 会客廊架
9 休憩座椅
10 林下小径
11 树阵广场
12 儿童益智活动广场
13 儿童活动器械
14 林下看护空间

图5-97　B-11地块项目社区泛会所节点设计

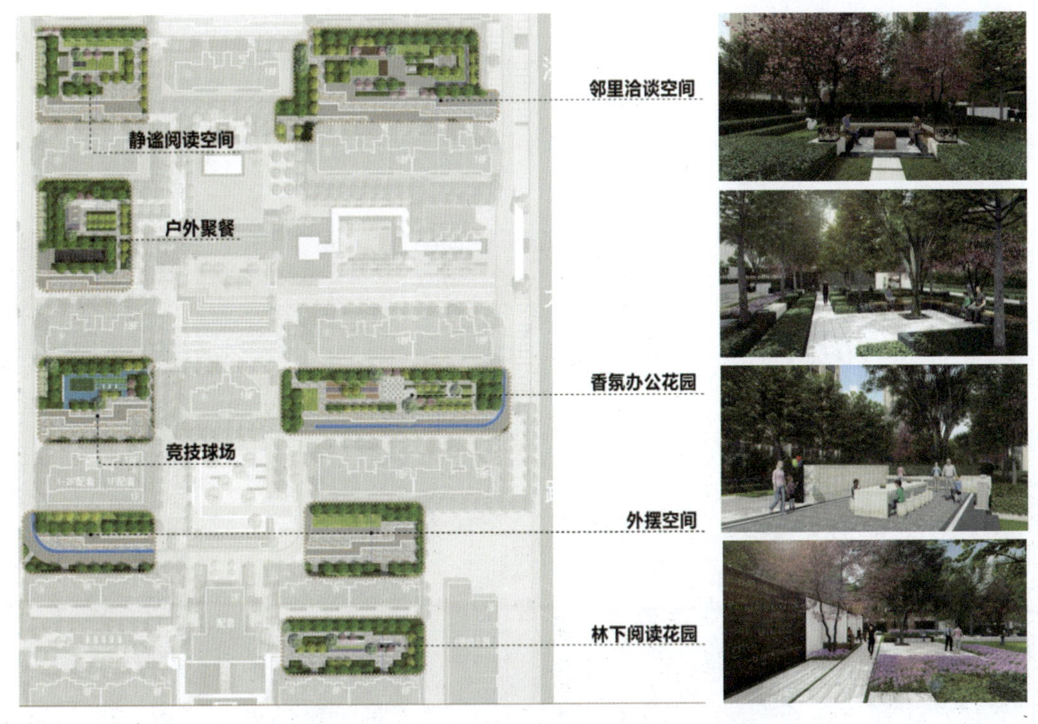

图5-98 B-11地块项目多功能宅间花园节点设计

重庆融创北地块混合用地项目

项目概况：项目位于重庆市南岸区亚太路，紧邻超大面积的城市级公园绿地、重庆国际会展中心和凯宾斯基酒店，与解放碑隔江对望(见图5-99)，地理位置优越。轻轨三号线工贸站、菜园坝站，4公里公交枢纽站、成渝高铁起点站5分钟直达，20余条公交线路汇聚于此，距离菜园坝火车站(重庆高铁始发站)约3公里、沙坪坝火车站约14公里、机场约25.8公里，交通便利(见图5-100)。

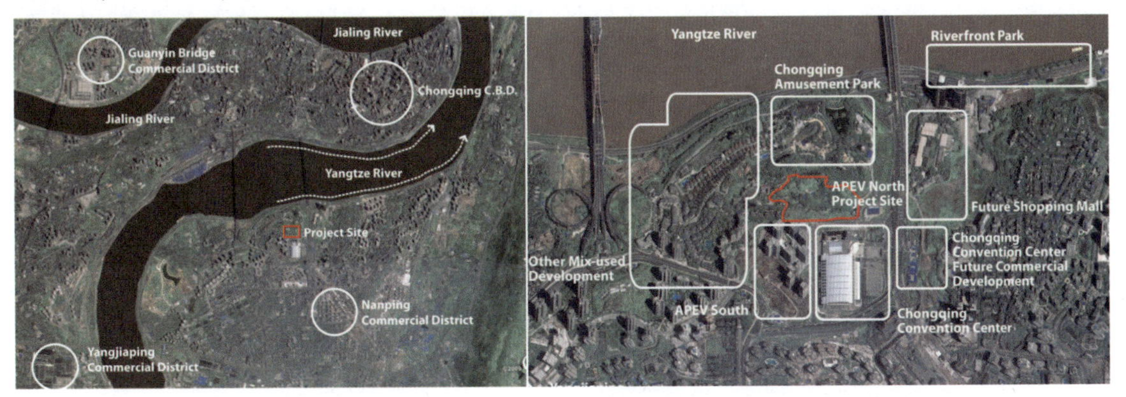

图5-99 重庆融创北地块项目区位分析

图5-100 重庆融创北地块项目周边分析

风格定位：风格定位为现代风格。项目以人们所熟悉的重庆当地独特的山脉、河流、梯田等景观元素为基础(见图5-101)。通过抽象化和浪漫化的手法把它们转换成现代的形式和风格。项目重新塑造当地的传统、文化和生活方式。项目的总体目标是在市中心通过简练的、现代的但精致的、丰富的景观设计，创造一个平和的居住环境，在这里人们可以得到放松、重新获得精力。景观体系融入了一系列的开放空间、花园、不同尺度的道路网，以满足私密性和公共交流的需求，让每个居民在不同的季节、不同的场合或特定的某天里都能找到他或她最满意的景点。

图5-101　融创北地块项目景观元素提取

布局结构：该项目建筑功能包括住宅建筑、办公建筑和商业建筑，因此在景观功能分区上就分为了住宅景观区和商业景观区。场地在地形上将住宅区和商业区分为了上下两层。上层住宅区主要功能分区有山脊步道、竹林、住宅区台地、社区台地，下层商业区主要功能分区有城市会客厅和城市台地(见图5-102)。上层住宅区主要景观节点包括山脊步道、竹林和岩露庭园、球场、水景、茶室、会所等，下层商业区景观节点包括森林广场、光广场、水广场等(见图5-103)。功能布局合理、景观节点设计丰富。

图5-102　融创北地块项目布局结构

重要节点设计：项目重要景观节点有山脊步道、竹林花园、住宅台地、城市会客厅、城市台地。

山脊步道：“山脊步道”是一个沿着基地的边界有顶的人行步道，它连接起了各种户外活动场地，如泳池露台、喝茶平台、休闲平台、城市休息处等。这些规划的平台被合理地布置在有特别视野的地方以充分观赏壮丽的长江景色、城市景观和山脉。“山脊”在基地的周围也形成了视觉上的轮廓和边界(见图5-104)。

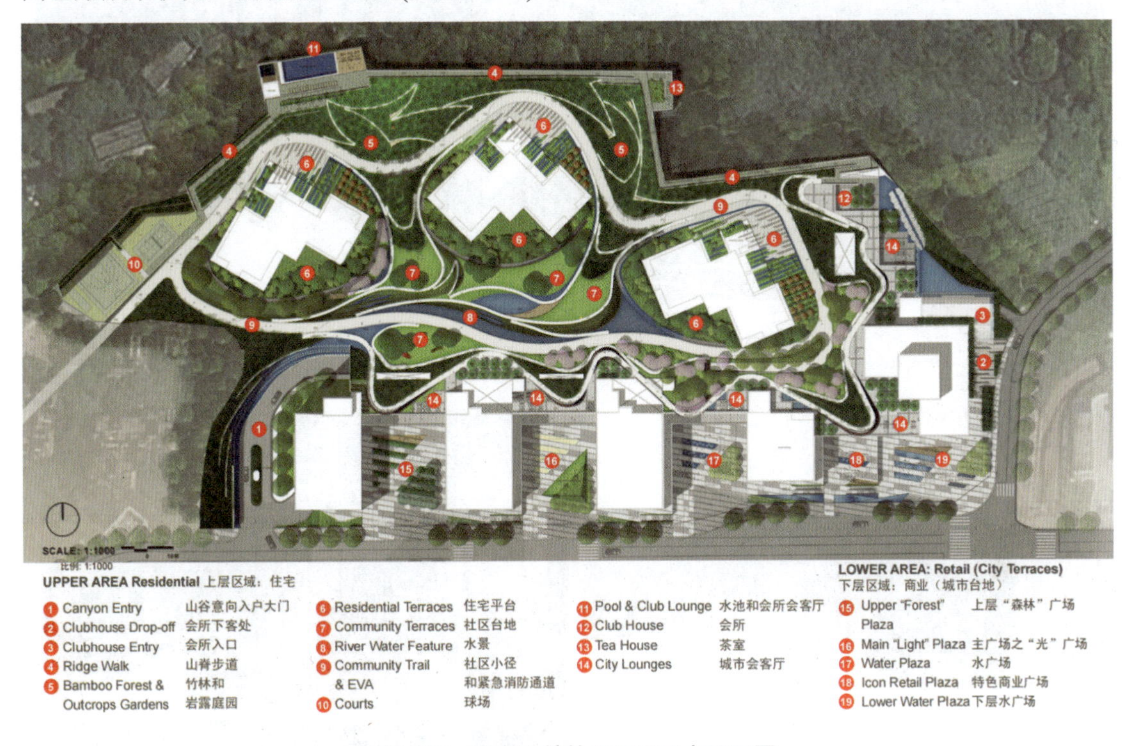

图5-103 融创北地块项目景观点平面图

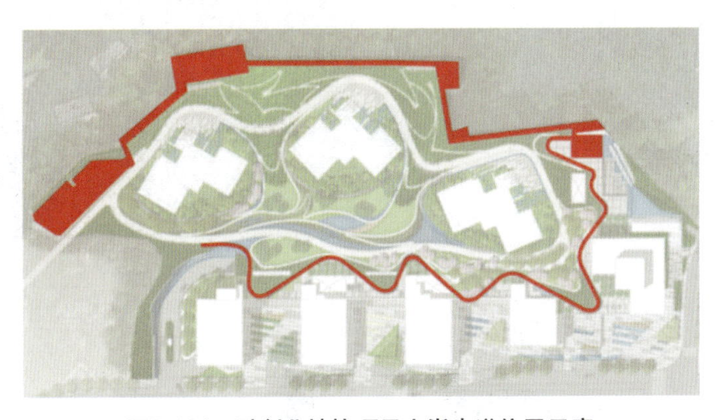

图5-104 融创北地块项目山脊步道位置示意

山脊步道景观节点有幽幽的竹林、蜿蜒曲折的登山步道、具有野趣的岩石崖壁、休闲木平台、戏水泳池等，沿着山脊拾级而上，体验曲径通幽处的登山乐趣(见图5-105)。

竹林花园：“竹林+露天花园”是由一系列的竹林地形被引入项目为每栋住宅楼创造出软的边界(见图5-106)。私密的花园小径将人们带入私密的旅程并发现“露天花园”，而“竹林”则在它们之间形成了平静的缓冲区。“露天花园”坐落在竹林之中，每个花园都提供了独特的、私密的空间形式，有不同季节中的景观，光和影的自然景象，以及其他的一些特有景观等(见图5-107)。

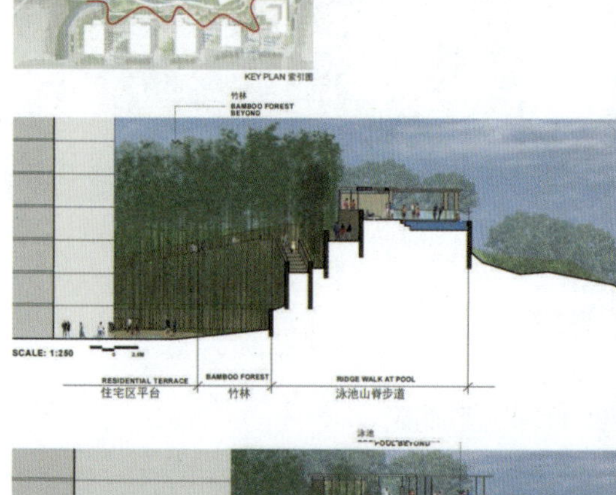

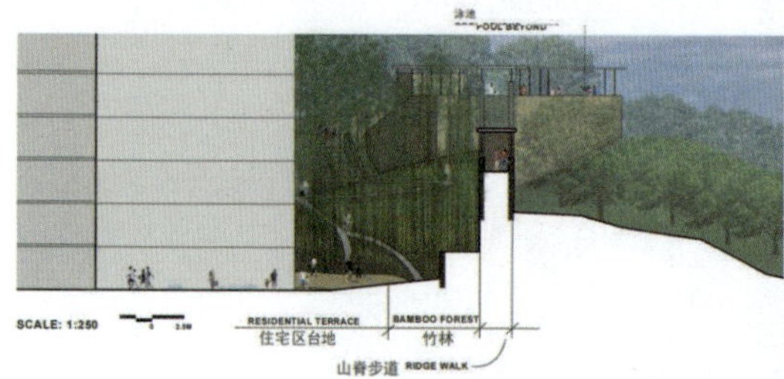

图5-105　融创北地块项目山脊步道节点设计

图5-106　融创北地块项目竹林花园节点位置示意

图5-107 融创北地块项目竹林花园节点设计

住宅台地：“住宅台地”是每栋住宅楼在自己的台地上，有了一个大厅前院、花园和亲水景观(见图5-108)。前院的线性图案的铺装灵感来自周围的竹林。台地的墙体为每栋住宅楼创造出了私人花园。有选择地引入水源使之蜿蜒到较低的社区台地，从而融入更大的特色水景中(见图5-109)。

图5-108 融创北地块项目住宅台地位置示意

图5-109　融创北地块项目住宅台地节点设计

社区台地：社区台地设计运用重塑的台地为住宅区的生活娱乐提供了一系列连续的开放空间，不同住宅台地之间也有很自然和柔和的高程过渡衔接(见图5-110)。社区台地为每户家庭和邻里创造了聚集交流的空间，开阔的草坪和特色水景沿跌水墙、“河流”、水道、水池和冥想水景花园延展开来(见图5-111)。

图5-110　融创北地块项目社区台地位置示意

图5-111　融创北地块项目社区台地节点设计

城市会客厅：活力绽放的城市生活方式在城市会客厅中也可见一斑。屋顶会客厅为住户提供了休闲和社交时的城市眺望视野。城市会客厅贯穿整个项目(见图5-112)，会所屋顶及每个可以俯瞰城市台地(商业广场)的会客空间，用统一的铺装来联系界定，这个灵感来自于传统的中国纱窗形式(见图5-113)。

图5-112 融创北地块项目城市会客厅位置示意

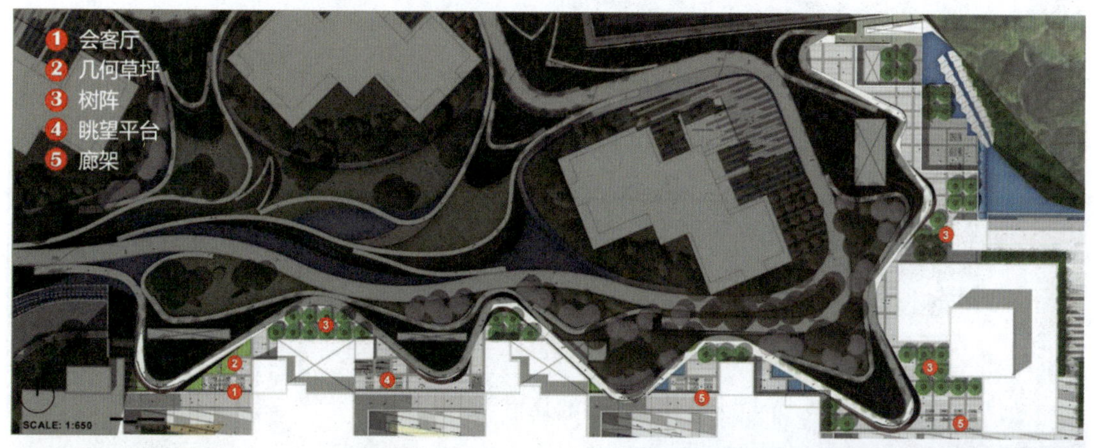

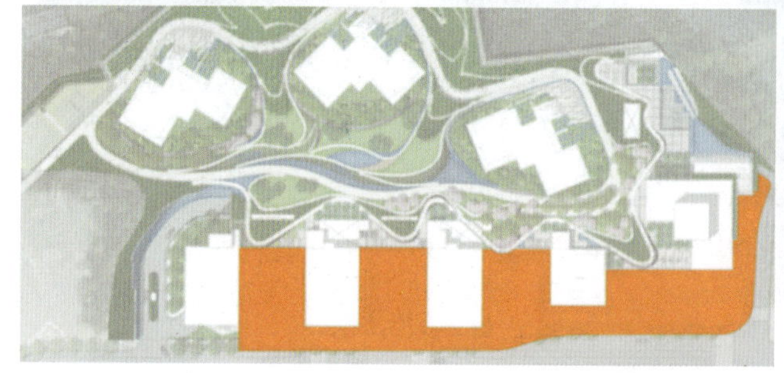

图5-113 融创北地块项目城市会客厅节点设计

城市台地：城市台地为商业广场区域，是城市空间和自然景观的交叠处(见图5-114)。结合坡行的街道城市台地也顺势地逐级而下。通过一系列的台阶连接不同的广场空间和坡行的人行道，人们可以很顺畅地来往穿行。现代风尚的绿墙和水墙也界定了周围竖向的空间。每一个城市台地的特色都各有千秋，不经意间流露着重庆城市的繁荣和自然环境的富饶(见图5-115)。

设计评析：项目位于山地城市重庆，其基地山水格局也顺应了重庆的大趋势，地形高差较大，充分发挥项目地形特点与优势，将顺应地形特征与大胆改造不利地形条件结合起来，形成台地式景观结构，将商业与居住利用天然地形进行分割，形成多个城市阳台、城市会客厅，方案设计具有良好的观赏性、互动性和功能性。

图5-114　融创北地块项目城市台地位置示意

图5-115　融创北地块项目城市台地节点设计

第六章 居住区景观设计学生作业解析

学习要点及目标

- 熟练掌握居住区景观设计程序。
- 完成居住区景观设计文本。
- 完成居住区景观展板。

微课

居住区的文化环境是人居住环境中重要的组成元素，是人们除工作学习之外，每日生活和休闲的栖息之所。居住区环境的质量水准也影响着人们的物质与精神，能够反映一个城市的技术水平和文化程度。我国的经济发展，人民物质文化水平的提高，使得人们对居住区环境的要求进一步提升。

居住区景观设计是随着居住区的发展而发展起来的，人们先有了建居住区的意识，后有了对居住区景观设计的概念的重视。居住区景观设计有着非常特殊的意义，它的出现往往在无形中改变了人们的生活环境和生活质量，好的居住区景观设计可以为人们营造理想的生活氛围和舒适的居住环境。

第一节　居住区环境景观设计课程安排

教学目的及要求

本课程是环境艺术设计(景观)专业本科生的专业课程。课程任务主要是使学生掌握居住区景观设计的基础理论、基础知识和基础技能，培养学生分析和解决问题能力。同时，本课程从实践出发，侧重对于实际工程中必须掌握的国家规范、设计方法、设计步骤等技能的训练，为后续的毕业实习与设计等教学环节的顺利完成奠定必要基础，也为学生毕业后从事风景园林绿地的规划与设计、园林管理等有关工作奠定必要的知识与技能基础。

通过学习，使学生能够掌握居住区规划设计的基本知识和初步的实践操作技能。要求学生掌握居住区规划设计的基础知识(居住区规划、设计的工作阶段、工作范围、功能作用)；居住区规划设计的具体内容和规划设计要点；能运用所学知识分析居住区规划设计方案的优劣，并初步掌握居住区规划、设计的方法和技能。

教学重点、难点

(1) 掌握居住区景观规划设计的基本内容、原则、设计程序和方法。

(2) 对人类居住环境文化知识有一定的了解，具备一定的生态学、环境心理学知识及分析能力。

(3) 掌握一定的国家设计标准与政策知识。

(4) 对新时代的居住区案例、设计手法、风格、材料和工艺等的掌握。

课时安排

64 学时的教学课时可以分成三部分，前 20 课时以居住区理论讲授为主，辅以随堂练习；中间 12 课时为案例分析+现场调研+调研报告；最后 32 课时为大设计阶段，细分为草图设计、CAD 作图、概念设计、方案设计、方案汇报。

表6-1 课时安排表

课程内容	教学时数			
	讲　课	设　计	调研及讨论	小　计
第一章概述	8	0	0	8
第二章设计原则	8	0	0	8
第三章设计程序	4	0	0	4
第四章节点设计	10	0	6	16
第五章课程设计	4	20	4	28
合　计	18	36	10	64

课程设计任务书

一、教学目的与基本要求

(1) 通过对居住区的景观规划，学习并掌握景观设计的基本原理与设计方法。

(2) 学习场地调研(包括历史及有关规划资料检索、区位分析、交通分析、尺度分析、视线分析、日照影响分析等)和行为活动调研(了解不同属性人群、不同使用目的人群对于小区空间的需求)等调研的基本方式方法。

(3) 认识城市景观的各类基本构成要素，将其有序组织，形成能与小区融合的、满足居民需求的景观空间。

二、设计依据

(1) 《城市居住区规划设计规范》GB 50180-93。

(2) 《公园设计规范》CJJ 48-92。

(3) 《城市道路绿化规划与设计规范》CJJ 75-97。

(4) 《居住区环境景观设计导则》。

三、主要设计要素

地形、景观建筑、设施小品、道路铺装、灯光照明、水景、植物

四、设计安排

设计安排见表6-2。

表6-2 设计安排

阶段一	阶段二	阶段三	阶段四
基地调研与设计构思	初步方案设计	设计的推进与深化	综合表现
基地调研 概念构思 设计草图	功能布局 空间组织	方案修改完善 景观要素具体设计 定稿图	综合表现

阶段一：基地调研与设计构思

(1) 对基地及其周边环境加以实地勘察与资料查询，进行区位分析、交通分析、周边用地分析、尺度分析、视线分析等必要的调研工作；读懂总平面，了解规划的大体结构，如建筑的风格、类型、建筑群体布局、交通组织方式等，并对该小区进行设计概念构思，以草图的方式进行表述。

(2) 选择城市其他已实施的景观规划进行参观调查，不局限于居住区，如小区、公园、街道。

成果要求：

(1) 调研资料收集与分析、其他相关案例收集与分析；表达方式不限，内容包含说明文字、照片、图片、分析图、数据等；A4文本，以组为单位。

(2) 环境分析。

(3) 构思草图。

阶段二：初步方案设计

在阶段一成果基础上，进行小区的功能组织与空间布局，妥善处理人流导引，设计空间意象，安排景观主题，安排各类具体的使用功能，最终形成功能合理、具有特色并与功能定位相吻合的小区景观意象。

成果要求：

(1) 初步方案草图(不少于两个方案)。

(2) 要求清晰地反映出功能组织和空间布局。

(3) 设计分析图，比例自定。

阶段三：设计的推进与深化

在前面诸阶段的学习基础上，进一步修改完善方案，并推进设计方案的具体化，深入各景观要素诸如绿化、铺地、小品及相关配套设施的具体设计，实现彼此间有机整合。选择重要节点进行详细设计。最终完成定稿图。

具体内容有：

(1) 环境绿化——景观植物的选择与配置设计。

(2) 铺地设计——广场、道路、小径等铺地选材与设计。

(3) 小品设计——根据设计进行水景、雕塑、景墙、花架、花坛等设计。

(4) 设施设计——根据设计进行必要的设施设计(如垃圾箱、指示牌、灯具等)。

成果要求：

(1) 总平面图1∶1000。

(2) 设计方案分析图(区位分析、交通分析、功能分析、景观及视线分析等)，比例自定。

(3) 节点放大详细设计图(平面1∶300，局部小透视或相应图片表示)。

(4) 小区主、次入口(平面1∶300，局部小透视或相应图片表示)。

(5) 重点地段剖面图或立面图(应结合建筑及场地景观进行绘制，需明确反映景观与建筑及周边的大小和竖向关系)。

阶段四：综合表现

对前面诸阶段进行总结，并运用各种适宜的方式进行表达和表现，如墨线图、渲染、摄影、拼贴、分析说明等。最终图纸尺寸为A1(840×594)，2～3张，注意排版可以连张成组，但每张图纸亦必须相对独立完整。交图时间为本学期第12周周四，同时提交图纸电子文件(以班为单位)。

成果要求：

(1) 总平面图1∶500(要求手绘)。

(2) 表现图(鸟瞰或人视点透视)。

设计方案说明：

(1) 设计方案分析图(区位分析、交通分析、功能分析、景观及视线分析等)，比例自定。

(2) 小区主、次入口放大详细设计图(平面1∶300，绿化配置图，局部小透视等)。

(3) 主要节点(不少于3个)放大详细设计图(平面1∶300，绿化配置图，局部小透视等)。

(4) 重点地段剖面图或立面图(比例自定，应结合建筑及场地景观进行绘制，需明确反映景观与建筑及周边的大小和竖向关系)。

(5) 铺装、设施小品、灯光照明等意向图。

五、参考资料

《居住区景观设计》(大连理工大学出版社)

《现代景观规划设计》(东南大学出版社)

《景观设计学——场地规划与设计手册》(中国建筑工业出版社)

德国、韩国、日本景观设计系列的著名设计师作品集

《环境景观——绿化种植设计》(中国建筑标准设计研究所)

杂志：《景观设计》《国际新景观》《中国园林》《城市环境设计》等

六、评分标准

(1) 创意构思(20分)。

(2) 合理配置各项功能，平面布局合理(20分)。

(3) 达到设计任务书的基本要求(20分)。

(4) 制图工整准确，效果图表达美观(40分)。

第二节 居住区环境景观设计课程作业解析

旧改篇：睦邻——居住区景观改造

睦邻旧小区景观改造设计风格的设定，以该居住区内各个年龄层面的居民需求为根本，提倡集聚中心设计理念，满足各个年龄层面的居民的不同需求，以静下心来感受简单和慢的生活为前提，旨在打造一个以邻为伴，功能性强，集休闲娱乐于一体的居住区环境。随着中国经济的快速发展，旧小区的管理有名无实，管理盲点多，居民生活得不到保障。旧居住区

发展失衡，布局零乱，文化、体育、娱乐、休闲等配套设施少，车位不足，居住区功能残缺；植物配置单调，植被简单，绿地分布较分散且布局与居民楼不协调，绿地功能较混乱。因此，旧居住区已不能适应现代社会的发展需要，改造旧居住区，对城市发展建设具有重要的现实意义。

居住区景观设计分为六个部分：绪论(整体设计的介绍)、前期分析(设计开始的前期调研工作)、设计说明(整体设计的构思)、设计分析(设计呈现的整体过程)、效果图(居住区景观设计局部空间效果)、专项设计(植物配置、小区硬化设计、小区座椅、雕塑、廊架)。整体旧改小区景观设计目录及每一章节包含的具体内容，如图6-1所示。

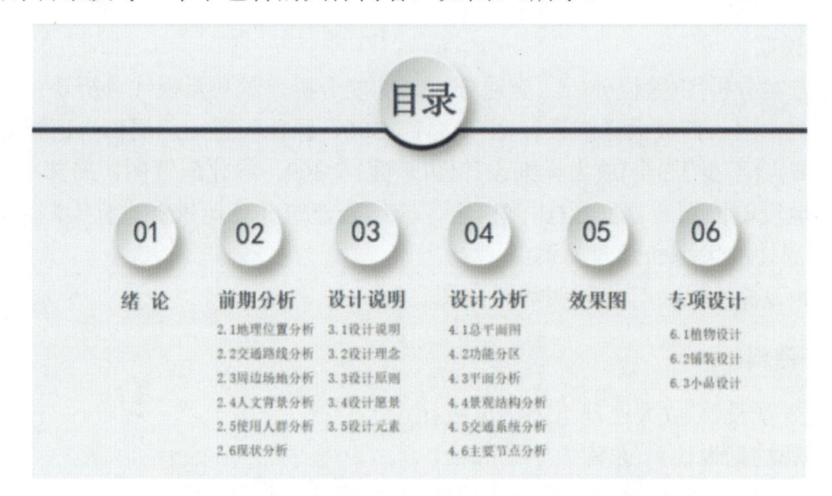

图6-1　旧改小区景观设计目录(学生作业：贾雪梅)

一、前期分析(项目概况)

旧改小区景观设计前需要对项目进行调研分析，根据场地的设计情况、周边环境开展具体设计，主要有地理位置分析、交通路线分析、周边商业动态分析、人文背景分析、使用人群分析、现状分析，如图6-2所示。

图6-2　前期分析

分析小区所在的具体位置，该小区昌龙阳光尚城位于重庆市永川新城区核心位置，周边市政配套措施完善，与人民广场、区政府办公大楼紧靠，位置十分优越，昌龙阳光尚城占地面积69984平方米，建筑密度仅为14.3%。小区分为三个出入口，其中一个主入口和两个次入口，如图6-3所示。

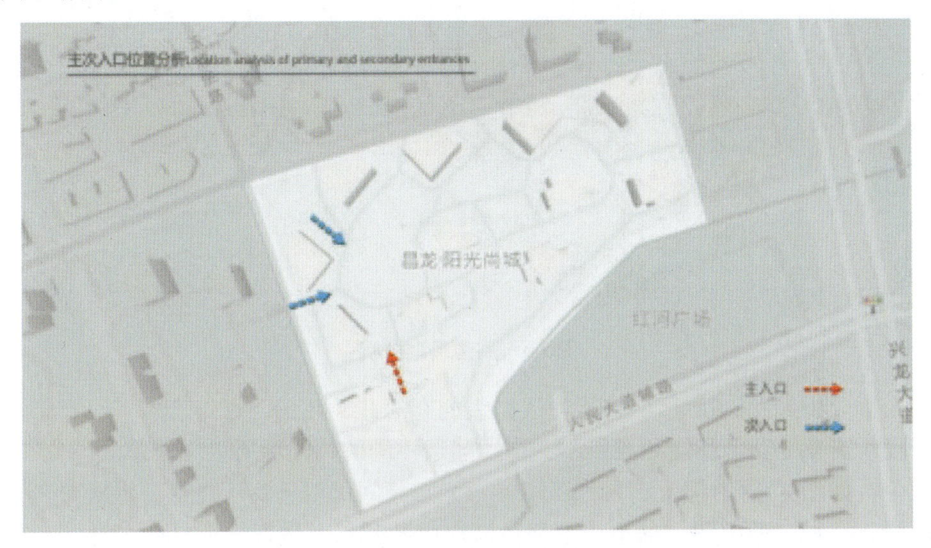

图6-3 主次入口分析

交通流线分析如图6-4所示。该项目地周围有协信中心西、红河广场等车站，共有三辆公共汽车112路、109路、111路经停，周边有两条城市主干道，交通发达，可便利通往永川高铁站，集经济、文化、政治发展于一体，有效提高出行效率以及人们生活质量。

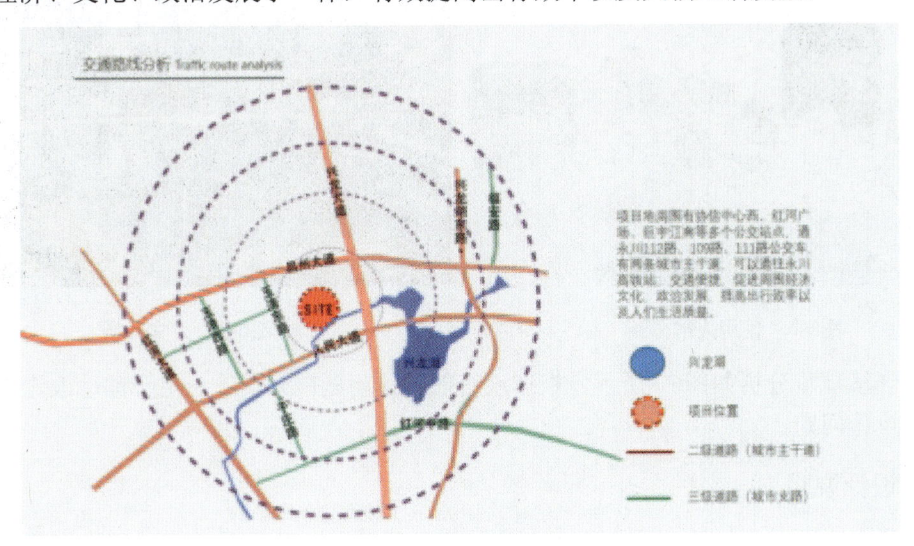

图6-4 交通流线分析

周边场地分析如图6-5所示。该项目周边市政、教育配套设施完善，商业设施发达，与城市中心商务区和各大功能区的交通十分便捷。

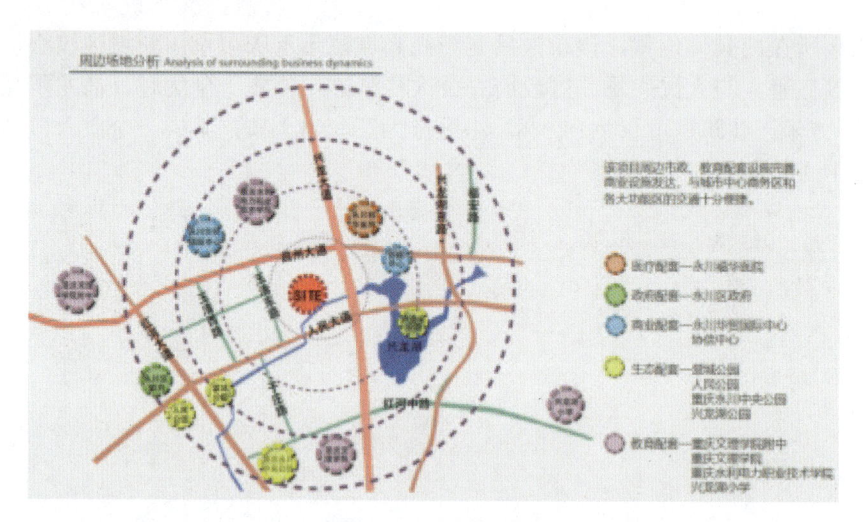

图6-5　周边场地分析

使用人群分析如图6-6所示。该居住区居住的有幼儿、儿童、青年、中年、老年，根据各个年龄阶段所需要的功能和活动场所不一样，建造不同的休闲场所以供娱乐。

人文分析如图6-7所示。重庆古称江州。宋光宗年间取双重喜庆之意，重庆得名于此，重庆又称山城、江城，西邻四川盆地，地势沿河流山脉起伏，地理环境复杂多样，不论是其人文民俗，还是天文地理，都同山水有关，这是一座以山为骨，以水为魂，以桥为脉的魔幻之都，作为一个拥有三千多年历史的城市，重庆以其独特的地理环境发展出独特的山城文化。

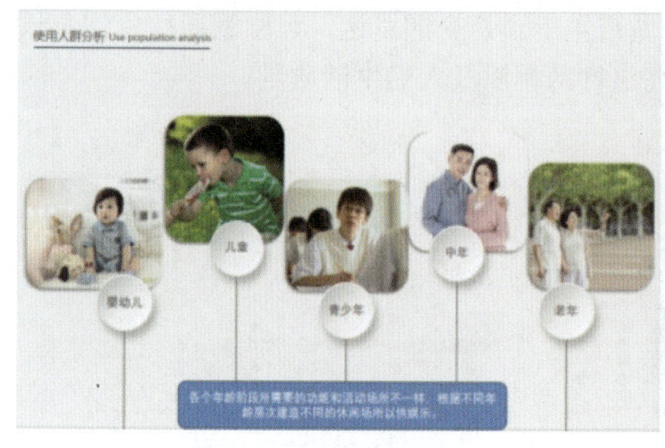

图6-6　使用人群分析

图6-7　人文分析

小区环境现状分析如图6-8所示。根据现有的具体问题展开设计，更合理地改进老旧小区现有具体设计问题。

二、设计说明

设计说明主要包含设计说明、设计理念、设计原则、设计愿景、设计元素等设计分析，如图6-9所示。

1. 设计理念

以静下心来感受简单和慢的生活为设计理念，打造一个睦邻友好，功能性强，集休闲娱乐于一体的居住区空间。保持其传统的地方特色和文化性，加强小区的生态建设，满足现代人群休闲娱乐的要求，开拓人与自然充分亲近的休憩生活空间。

图 6-8 现状分析

图 6-9 设计说明

慢生活：在当今经济和科技快速发展的日子里，需要一些宁静和慢生活来缓冲一下，所以需要打造一个设计理念为“慢生活”的居住区，为人们提供一个能远离城市的喧嚣的领域。

功能性：居住区内居住着不同年龄阶段的人，不同年龄阶段的人的需求是不一样的，要根据他们的需要来打造一个适合他们使用的居住区。

2. 设计原则

以人为本：居住区内居住的是人，只有让人们有体验感、参与感，这个设计才是完善的。

文化继承：该项目位于永川区，永川区的茶文化远近闻名，融入茶文化与之结合，进行文化继承，保持其传统的地方特色和文化性。

功能性：不同年龄阶段的人要求不一样，满足现代人群休闲娱乐的要求，开拓人与自然充分亲近的休憩生活空间。

舒适性：一个环境最主要的是待着要舒服，这样才会吸引更多人。

和睦性：以静下心来感受简单和慢的生活为设计理念，打造一个睦邻友好，集休闲娱乐于一体的居住区空间。

3. 设计愿景

在居住区里，人们通常会有哪些行为方式？根据不同人群的生活需求在设计规划中需要具体体现，设计出对应的小区功能分区，以满足居住人群不同的行为方式，如图6-10所示。

图6-10　设计愿景

4. 设计元素

永川的茶文化远近闻名，在设计时运用茶的茎叶脉络作为设计元素，展开设计构思，如图6-11所示。

三、总体设计

总体设计在前期调研和设计分析之后展开，包含总平面图、功能分区、平面分析、景观结构分析、交通系统分析、主要节点分析，如图6-12所示。

1. 总平面图

居住区总体设计平面图纸如图6-13所示。

2. 功能分区分析

设计的功能分区图如图6-14所示，共分为7个主要的使用功能。

(1) 中心广场：位于居住区正门入口处，满足人们集散、社会交往、老人活动、儿童玩要、散步等需求，其设计应从功能出发，为居民提供方便和舒适的小空间。尽量将大型广场化整为零，分置于绿色组团中。

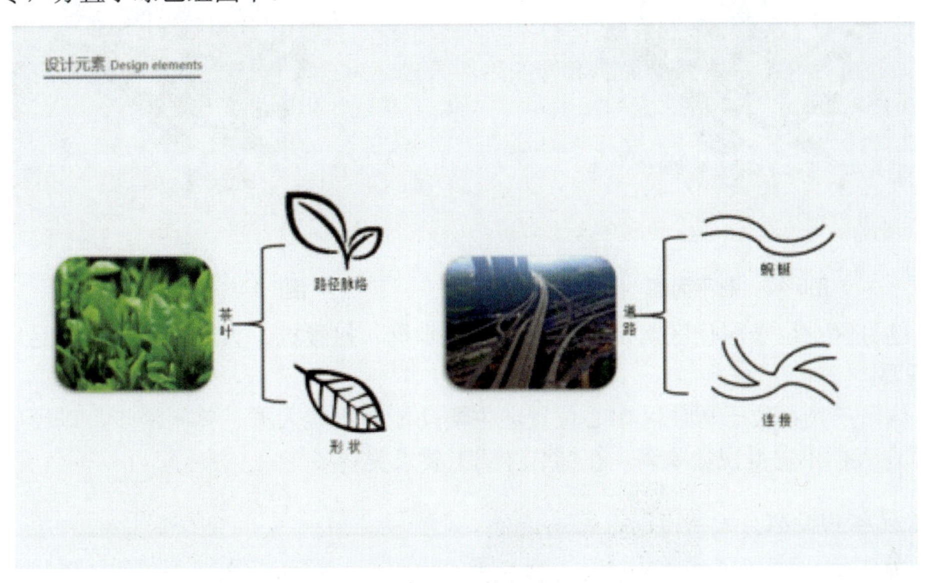

图6-11　设计元素

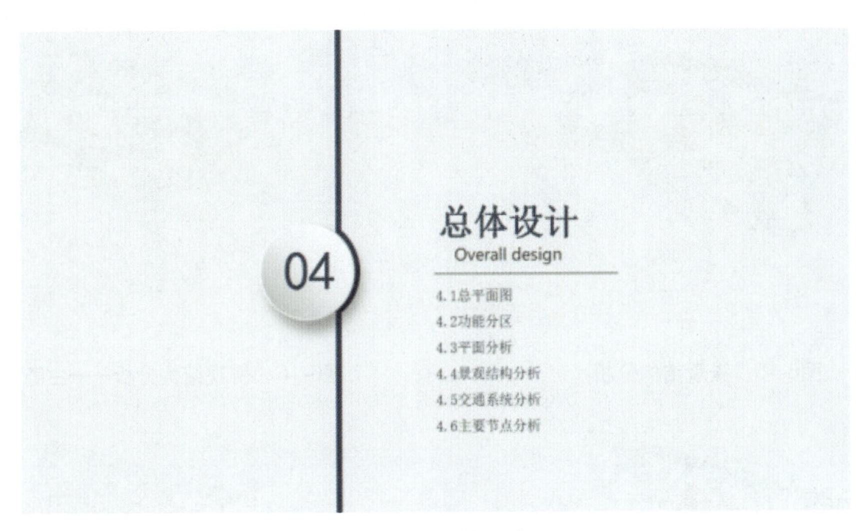

图6-12　总体设计

(2) 儿童游乐区：位于居住区西南门入口处，其主要服务对象为儿童，元素设置上应充分考虑安全性，如滑梯、秋千等，铺装以草坪和软垫为主，在安全上和功能上同时满足家长和儿童的需求。

(3) 游泳池：位于儿童游乐区旁边，建立游泳池是为了增加居住区人们的日常活动。

(4) 运动场：位于小区北部，设有一个篮球场，满足居民的日常活动需要。

(5) 植物观赏区：其区域比较分散，包括住宅旁绿地和小区内小游园绿地，植物配置遵循生态性原则，乔灌草搭配，并利用植物和山石分隔空间，增加景观层次和深度。其中有一个较为集中的区域在小区西部。

图6-13　总平面图

图6-14　功能分区分析

(6) 健身区：位于居住区南部，设有太空漫步机、扭腰机、大转轮等，以满足居民的日常活动需要。

(7) 休闲广场：位于居住区中心位置，主要功能是集散人群、休闲漫步，以硬质铺装为主。为了让人们不觉得视觉单调，在铺装样式上要求美观多变。

3. 景观结构分析

用一条主要道路轴线将整体设计串联起来，以生态、运动、休闲为主题地设计各个活动区域，如图6-15～图6-18所示。

图6-15　景观结构分析

图6-16　景观结构分析——生态节点

图6-17　景观结构分析————运动节点

图6-18　景观结构分析——休闲节点

4. 交通路线分析

小区的道路基本上保留了原来的规划，如图6-19所示，主要分为主要车道和主要人行道。主要车道宽4～5米，主要人行道宽1～1.5米。在原有的道路规划的基础上，增设了一些游步道和人行道。

图 6-19 交通路线分析

5. 分区设计

根据设计平面图纸，对重点设计区域进行分区设计，集会广场分区，设计效果图如图6-20所示，曲线形态的种植池设计，增加景观层次。儿童游乐区分区，设计效果图如图6-21所示，设置满足儿童休闲娱乐的儿童游乐设施。休闲广场分区设计，效果图如图6-22所示，设置廊架，满足休闲遮阴功能。小游园分区，设计效果图如图6-23所示，增加花镜设计。

图6-20 集会广场分区设计

图6-21 儿童游乐区分区设计

图6-22 休闲广场分区设计

图 6-23 小游园分区设计

6. 专项设计

1) 植物设计

在设计中保留原有的古树，充分利用原有的地形，选取有地方特色的本土树种，节约施工成本的同时，也提高了植物的成活率，利于后期的养护管理。结合永川区亚热带季风性湿润气候来选择适宜的植物，以代表地域性的乡土树种为主，丰富和优化广场绿化群落构成，将自然生态的绿化环境和整体景观风格有机结合在一起，从以人为本角度出发，充分考虑人的使用、居住感受。

上木选择：天竺桂、桂花、复羽叶栾树、月桂、银杏、黄菠萝树、山桃和紫椴等。

下木选择：沿阶草、葱莲、花叶冷水花、米仔兰、花叶青木、细叶结缕草、大叶棕竹、小叶女贞、金边黄杨、栀子花、金叶女贞和山茶花等。

乔木种植：乔木分布广泛，主要生长在温暖湿润的地方，那乔木作用有哪些？①乔木可以绿化环境。常见的绿化乔木有桂花、银杏，以及樱花等(见图6-24)，都具有很高的观赏价值。②屏障作用。因为乔木都比较高大，很多大型乔木可达到30米以上，因此在很多沙漠以及戈壁等环境较为恶劣的地方，都会种植乔木来屏障暴风沙尘，同时也能产生蒸腾作用，有效调节空气湿度。③固定土壤。乔木最重要的作用还有防止水土流失，乔木发达的根系能很好地固定土壤。我国现在大量种植各种乔木，就是因为大片森林被砍伐，导致土壤流失严重，破坏了生态平衡。

灌木种植：灌木作为一种园林设计手法被大量应用于园林绿化中，它体现的不仅是植物的自然美、个体美，而且通过人工修剪造型的办法，体现了植物的修剪美、群体美，如图6-25所示。

图6-24 乔木种植

图6-25 灌木种植

2) 铺装设计

整体居住区景观铺装以花岗岩、碎石、透水砖为主，儿童游乐区和健身区以塑胶铺装为主，运用铺装的变换来达到空间的变换，如图6-26所示。

3) 小品设计

对小区内部的廊架、座椅、装饰小品进行设计，为居住区设计增加设计特色以及满足不同使用功能和使用人群的需求，小区座椅设计如图6-27所示，小区廊架设计图6-28所示，小区照明设施路灯设计、垃圾桶以及装置小熊设计如图6-29所示。

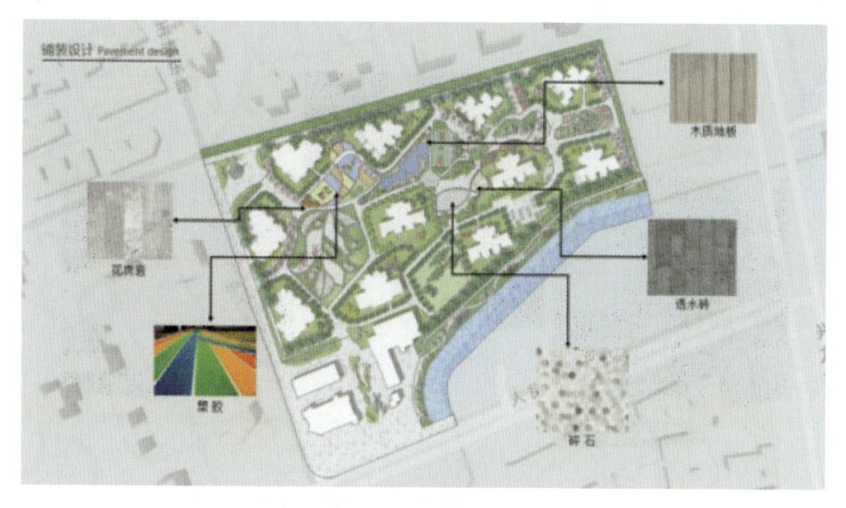

图 6-26　铺装设计

图6-27　座椅设计

图6-28　廊架设计

图6-29 路灯、垃圾桶、装置小熊设计

7. 作品评析

本设计以“睦邻”为主题，因为人们喜欢在一个好的空间里进行交流、娱乐和聚会，只有把居住区空间景观的设计做到令居民满意，居民才会在饭后茶余之闲在居住区空间内进行交流、娱乐和聚会，所以，总体设计中根据前期调研很好地设置了七个不同的功能，以满足不同人群的使用需求，设计中注重将生态、运动、休闲合理融入设计。

第三节 城市更新背景下居住区景观设计案例

受耕地保护政策、资源环境约束、生态文明建设等多重因素影响，我国城市发展总体上进入了存量更新阶段。2020年10月，党的十九届五中全会明确要求，要“实施城市更新行动”“加强城镇老旧小区改造和社区建设”。2021年3月，“十四五”规划纲要提出，要“加快推进城市更新，改造提升老旧小区、老旧厂区、老旧街区和城中村等存量片区功能”。

本案例中城市更新下的绿色复合型小区分别从生活、生动、生态三方面共同打造。居住区方案本封面设计如图6-30所示，选用设计中的效果图进行方案本制作。方案设计开展之前首先还是进行前期调研，主要包括区位分析、场地周边分析、交通分析、人群分析，根据分析对象的不同，具体展开设计分析，作为展开景观设计的第一步基础资料收集，如图6-31所示。

1. 前期调研

前期调研中分析场地周边的商业现状，交通枢纽及学校、公园等场地，根据周边地图进行制作分析如图6-32所示。交通分析主要体现设计场地周边的用地情况及道路交通具体情况，作为设计场地主次入口位置设置确定的参考如图6-33所示。场地现状分析(见图6-34)从基础设施问题：地桩地锁、废弃自行车专项清理、破损道路、公共照明损坏、信报箱报废、安防消防不完善、再生资源收集点不统一、无障碍设施、适老通道不完善。生态环境问题：绿化补建、无海绵城市雨洪管理概念。场地文化问题：从无场地文化精神的体现等角度具体展开调研分析。人群结构分析：如图6-35所示，针对不同年龄阶段的人群在设计中设置不同的使用功能，年轻人、老人、儿童会有不同的需求，根据使用人群的调研问卷分析得出绿色复合型居住区设计理念，从生活、生动、生态角度打造居住景观环境，以满足城市更新设计需求。

图6-30 居住区封面设计(学生作业：刘纯 李雨)

图6-31 前期调研目录

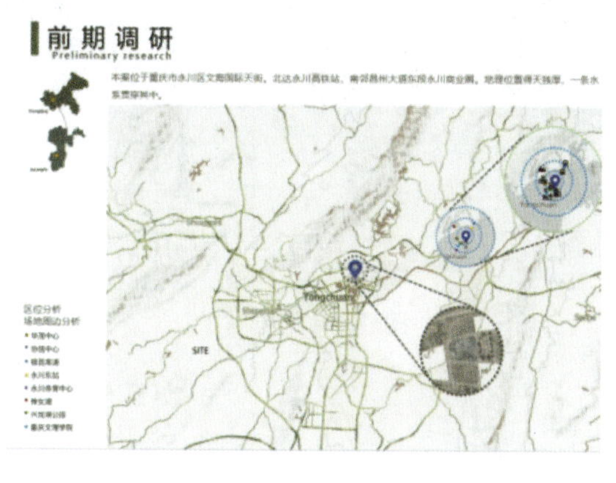

图6-32 前期调研

图6-33 交通分析

图 6-34 场地现状分析

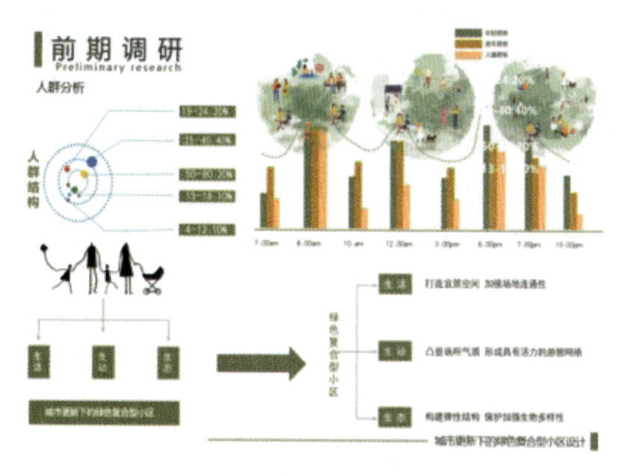

图 6-35 人群分析

2. 设计概念

设计概念分析从前期的设计调研中得出人群需求，总结提出设计愿景、灵感来源、设计策略如图6-36所示。以漫画手绘风格体现人群的不同需求，如图6-37所示，如“小区的都市农场让小朋友去亲近大自然、感受农作物生长，从大自然里学到知识！还自给自足！雨水花园也是！”“下班后在小区遛狗约会真好！”“希望改造之后环境整体上个档次！老年朋友们也可以在小区有丰富的活动！”“不想宅在家了！我要跟我的小伙伴在小区玩耍！”等。设计愿景是打造一个弹性、闲适、科普、有趣的绿色复合型居住区环境，以都市农场体现生动性，以雨水花园体现生态性，以游园小憩体现生活性，如图6-38所示。从浪、石、竹中提取设计灵感，进行空间划分、雕塑设计以及铺装设计，如图6-39所示。设计中以打造休闲空间与交流空间为前提，增加活力的运动空间，以提高生活品质的秘境花园和增加生活多样性的娱乐空间，以及生态空间的都市农场和雨水花园为设计前提展开设计，如图6-40所示。

图6-36　设计概念

图6-37　人群需求

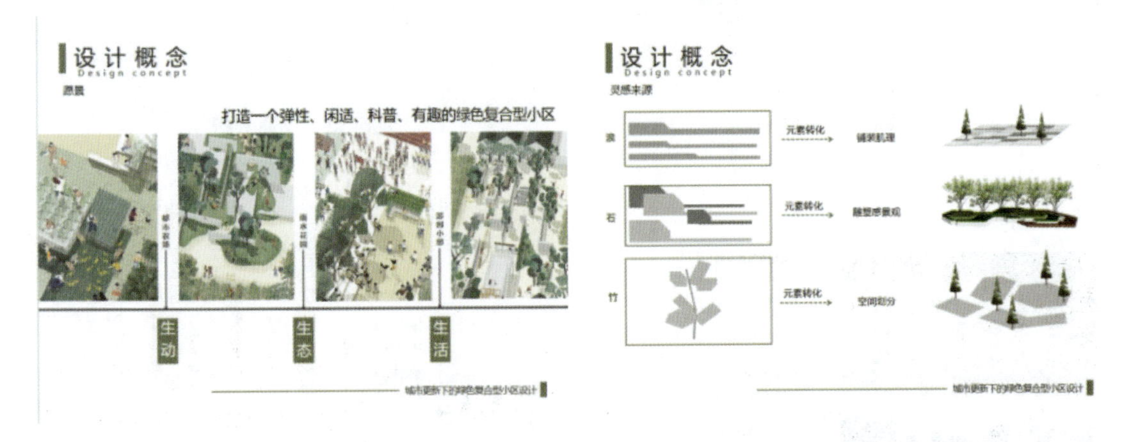

图6-38　设计愿景

图6-39　灵感来源

3. 方案设计

前期调研和设计概念整体分析、构思完成后进行整体的方案设计，从设计的总平面图、鸟瞰图、功能分析、流线分析、消防分析等展开设计，如图6-41所示。

图6-40　设计策略　　　　图6-41　方案设计

根据前期分析及设计草图，使用平面软件制作平面图纸，采用折线形式开展设计，注意公共绿地和宅边绿地的衔接，景观节点的设计，合理地融入使用功能，如图6-42所示，主要包含了17个区域：主入口、次入口、消防入口、幼儿园入口、乐活广场、迷途花镜、会客花园、浮云乐场、阳光草坪、会客花园、迷途花镜、晚阳广场、邻里花园、邻里花园、都市农场、太阳花幼儿园、雨水花园。

图6-42　居住区总平面设计

使用SketchUp 制作整体鸟瞰图如图6-43所示，后期还可以使用Photoshop 进行美化设计。整个小区分为五大使用功能：花园会客区、老年人活动区、儿童活动区、商业广场区、科普教育区，如图6-44所示。小区设计中主要分为消防通道入口、停车场入口出口、市政道路、消防应急道路、步行通道、小区入口、幼儿园入口，如图6-45所示。在居住区设计中需要考虑消防扑救，预留出专门的消防通道，以保证居住区的安全性，设计中注意消防通道和消防登高设计，如图6-46所示。

图6-43　鸟瞰图

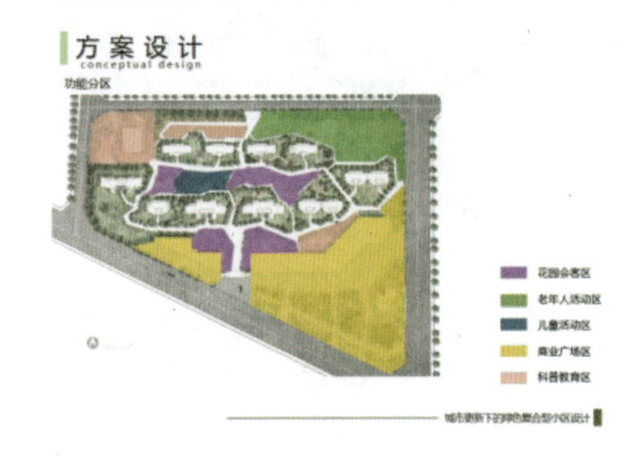

图6-44　功能分区

图6-45　路线分析

图6-46　消防分析

4. 分区设计

基础平面图纸确定后，根据具体设计进行有针对性的分区设计，以体现设计的创意思维。分区设计主要针对乐活广场、阳光草坪、浮云乐场、都市农场、太阳花幼儿园、晚阳广场、雨水花园进行具体的效果图制作设计展示，通过效果图的制作可以直观展示出来根据不同使用人群设计场地的设计特色和设计亮点。分区设计目录如图6-47所示。

针对A栋商业街、B栋商业街、阳光草坪、乐活广场——演奏草坪、乐活广场——互动水景、乐活广场小区入口进行分区设计，先将主要节点平面局部放大，便于平面与效果图的结合，如图6-48所示。透过阳光草坪可以看到A栋商业街周边景观设计，在阳光草坪上设置带太阳伞的桌椅组合，满足人们休闲需求，在草坪上还可以组织草坪音乐节等活动丰富日常生活，如图6-49所示。

阳光草坪与B栋商业街相连接，采用多边形组合设计的方式进行平面设计，将树池与座椅、绿地相结合，种植高大乔木，以满足遮阴需求，下方树池座椅满足人休息纳凉需求，硬质铺装与软质绿地相结合，如图6-50所示。阳光草坪整体采用多边形设计，高低错落，有的是富有实际使用功能的座椅，有的是装饰美化环境的花镜，有的是放置卵石的地面铺装，在同一形态中合理利用多边形大小、高低的变化形成不同的景观设计表达方式，其中多边形有相交、有相切、有同心，设计中使用同一元素不同形态、位置、高低的变化可以展现不同的景观设计效果，如图6-51所示。

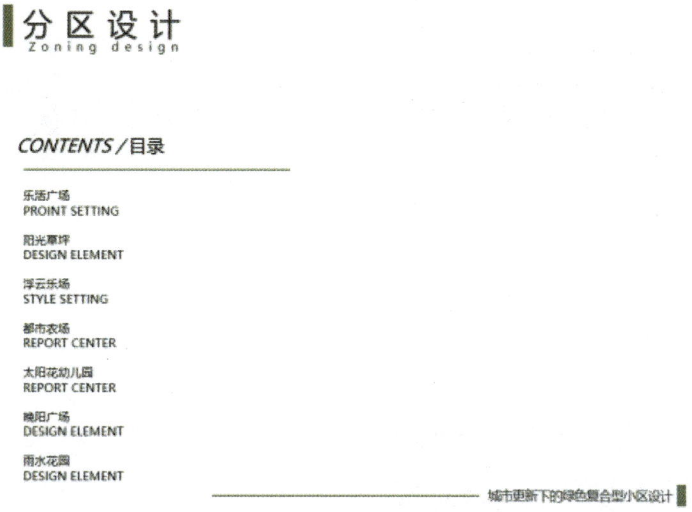

分区设计
Zoning design
CONTENTS / 目录
乐活广场
PROINT SETTING
阳光草坪
DESIGN ELEMENT
浮云乐场
STYLE SETTING
都市农场
REPORT CENTER
太阳花幼儿园
REPORT CENTER
晚阳广场
DESIGN ELEMENT
雨水花园
DESIGN ELEMENT
城市更新下的绿色复合型小区设计

图6-47 分区设计

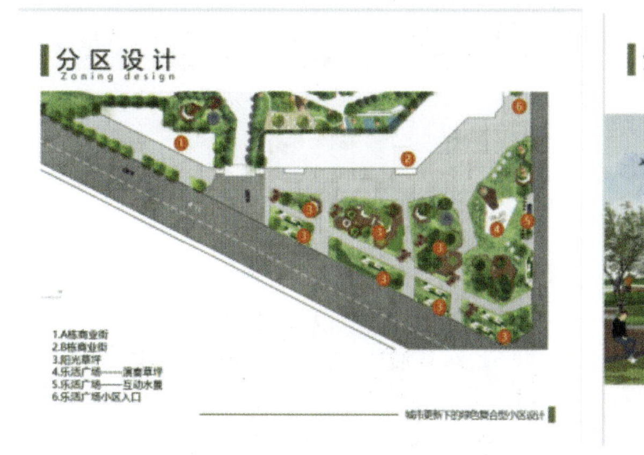

分区设计
Zoning design
1.A栋商业街
2.B栋商业街
3.阳光草坪
4.乐活广场——演奏草坪
5.乐活广场——互动水景
6.乐活广场小区入口
城市更新下的绿色复合型小区设计

图6-48 分区设计平面图

分区设计
Zoning design
城市更新下的绿色复合型小区设计

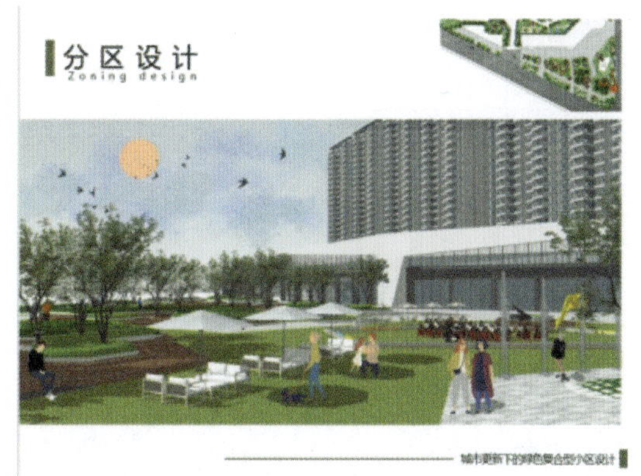

图6-49 A栋商业街及阳光草坪

对邻里花园、浮云乐场、会客花园、迷途花镜进行分区设计，针对儿童活动区设置不同年龄阶段儿童可以使用的儿童游乐设施，其中色彩也选用儿童喜欢的颜色体现童真乐趣，如图6-52～图6-54所示。

如图6-55所示，分区设计主要包含太阳花幼儿园、都市农场种植区、都市农场科普区、主干道、幼儿园主入口、幼儿园次入口，其中针对都市农场种植区进行效果图制作，增加生态体验性的同时，增加了生活休闲的小乐趣，从种植中认识植物，如图6-56和图6-57所示。太阳花幼儿园设计方便小区内部业主接送孩子上下学，根据幼儿园儿童年龄设置滑滑梯、景墙设计、国旗台设计，如图6-58～图6-60所示。

图6-50　阳光草坪及B栋商业街

图 6-51　阳光草坪

图6-52　分区设计局部平面图1

图6-53　浮云乐场1

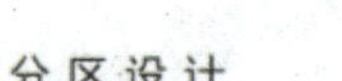

图6-54　浮云乐场 2

图6-55　分区设计局部平面图2

如图6-61所示，分区设计主要包含邻里花园、晚阳广场、晚阳广场——球场、晚阳广场——健身区、两条主干道设计，针对具体设计制作球场区效果图，满足球类运动场地需要，在设计球场时需注意球场选择南北向，以防止太阳光的直射，周边设置休息座椅，如

图6-62所示。根据不同人群健身运动需求设置健身器材，以满足全民健身的设备支持，将地面选用塑胶铺砖，软化地面满足健身需求，如图6-63所示。

图6-56　都市农场种植区1

图6-57　都市农场种植区2

图6-58　太阳花幼儿园 1

图6-59　太阳花幼儿园2

图6-60　太阳花幼儿园 3

图6-61　分区设计局部平面图3

图6-62 晚阳广场——球场

图6-63 晚阳广场——健身区

如图6-64所示，分区设计主要包含城市客厅、雨水花园、B栋商业街、主干道设计的具体平面细节展示，其中针对雨水花园的细节制作效果图，将雨水处理设备融入小区环境设计，围合出一块区域，丰富小区环境的同时对人们进行一定的知识科普，周边植物从高到低错落种植，丰富景观层次，如图6-65所示。

图6-64 分区设计局部平面图4

图6-65 雨水花园

5. 专项设计

设计的最后通常进行专项设计包含日照分析、植物配置、康体绿地系统、铺装设置、照明设计、垃圾桶设计等，丰富设计细节，如图6-66所示。

日照分析如图6-67所示，该地区全年上午日照以立春、夏至、秋分、冬至为节点，截取8:00的日照投影面积，上午的日照受光面积大，仅冬季上午休憩区小部分的阳光照射受商业裙楼的影响，受光较少，中午时刻居住区的阴影面积小，春冬季都可以享受到冬日阳光；但在夏季需要在人群集中区域种植落叶乔木进行遮阴处理。居住区在冬季傍晚阳光照射较少，种植落叶乔木使得在冬季让更多的阳光照进居住区。

植物配置(见图6-68)主要考虑到以雨水花园周边植物配置为例，在满足景观需求的同时，强调进行雨水管理，其中落羽杉、池杉、湿地松根系发达，茎叶繁茂，净化能力强。

香根草、香蒲既耐涝又有一定抗旱能力，选用旱伞草搭配种植，提高去污性和观赏性，水生植物凤眼莲和睡莲有助于吸引蜜蜂等昆虫，创造更加良好的景观效果。根据不同植物的习性、科属分配具体区域，如图6-69所示。

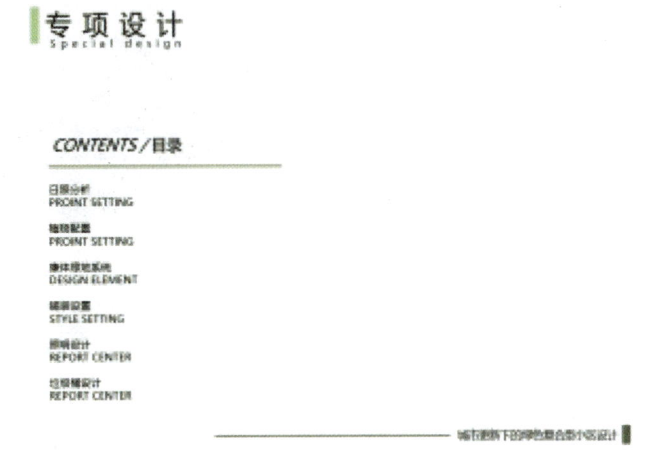

图6-66　专项设计

图6-67　日照分析

图6-68　植物配置1

康体绿地系统设计，如图6-70、图6-71所示，将海绵体系在小区景观设计中可视化，弥补了小区内部地块缺少科普、生态、雨水处理专类节点的问题，增加构建小区环境的弹性结构，以建设海绵城市为理念为前提，构建居住区绿地体系，将雨水花园概念融入人们生活的方方面面，通过收集雨水进行净化过滤，并将它们用作功能用水，构建城市净水利用系统，实现海绵城市、绿色小区的总体设想。

居住区内主要选用了碎石拼、草皮植被、塑胶、浅灰芝麻岩、条形广场砖、防腐木六种地面铺装，图中用颜色标注出具体在设计地块的使用位置，如图6-72所示。

居住区中的灯具及垃圾桶也是专项设计的一部分，其中灯具种类主要包含路灯、草坪灯、地埋灯等，如图6-73、图6-74所示。

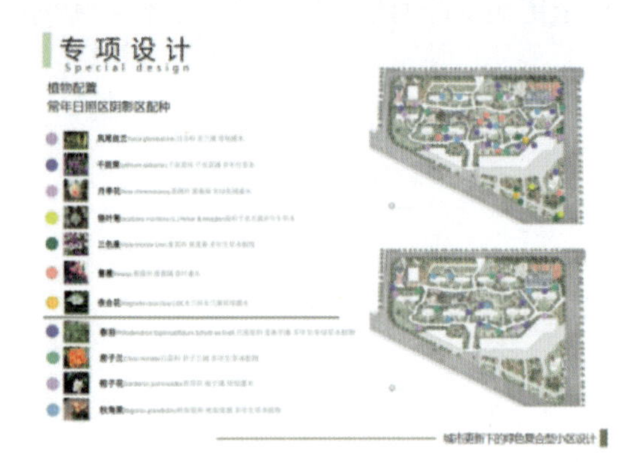

图6-69　植物配置2

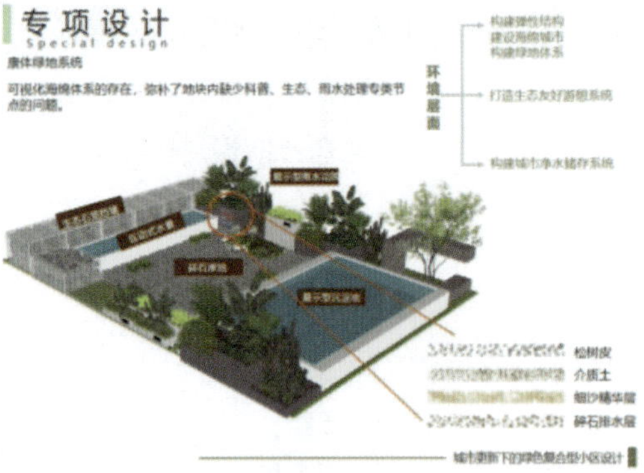

图6-70　康体绿地系统1

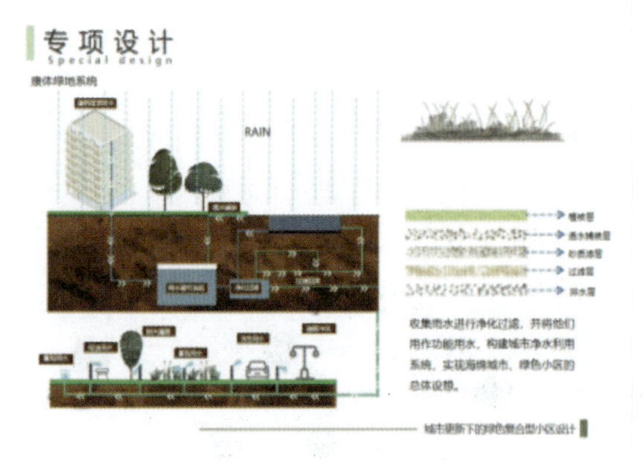

图6-71　康体绿地系统2

图6-72　地面铺装

图6-73　照明设计

图6-74　垃圾桶设计

6. 作品评析

该设计作品从生活、生动、生态理念进行居住区设计，整体设计风格统一，选用漫画手绘风格进行表现，在设计中充分考虑到不同使用人群的需求。植物配置注意了常绿、花期等合理丰富的植物种类，考虑到了季相变化，还融入了康体设计、雨水花园、海绵城市等设计理念。

第四节 居住区景观设计案例

本节主要是提取分析学生不同的设计构思、设计表达、设计风格并进行拆分说明。

龙湖·尘樾该居住区位于重庆市永川区，如图6-75所示是一个高层居住区，由高层住宅、公寓楼和地下停车场组成。这里闹中取静，毗邻兴龙湖公园，拥有得天独厚的自然条件。交通便利，离永川高铁站近。小区居住密度偏高，所以将户外活动区域设置在小区中心位置，同时在宅间区域打造宅间绿地。

图6-75 龙湖·尘樾该居住区景观设计

设计目的主要是为居民打造一个舒适宜人的居住区环境，着重于居住环境空间氛围的营造。方案设计中采取了小组团的设计形式，将不同的功能区拆分安置在场地不同角落，空间布局节奏疏密有致，同时以半开放出入的设计限定了每一个区域的边界，保证了在其中活动的居民的隐私。

如图6-76所示，居住区主入口处，设计成曲线造型，其中曲线造景占据了视觉的中心位置，经过精心修剪的灌木曲折排列分布在道路两边，引导着人们的行走动线，弧形灌木丛造型简洁，仿佛在欢迎着人们回家；中央休闲区设计了水景平台，可自由通向各单元楼和次入口附近的秘境花园，高耸的灌木和列植的树木为宅间小路带来林荫，让普通的过道成为舒适的漫步道，同时也阻隔了视线，进一步保证了私密性。

3.2 总平面标注

1.入口景观区
2.入口休闲区
3.运动健身区
4.中央草坪区
5.滥静水景区
6.儿童游乐区
7.居民幼儿园
8.地下车库处
9.幽静繁林区
10.休闲秘境
11.后入口处
12.商业广场

图6-76　总平面标注

居民在这里拥有树木环绕的私密绿地空间，在熙熙攘攘的城市生活中得以放松。小区内砾石铺装的粗糙纹理、自然生长的草本植物，以及中央整齐平坦的草坪，让住宅区愈显生机勃勃。植物设计概念为“四季的变迁”，在不同时节绽放的花木告知着住客季节的更迭。清新的绿色配搭着暖铜色的墙面、热带的植物和泳池水景，为归家的住客舒缓每日辛勤工作的疲惫。

如图6-77所示，一套完整的居住区景观设计包含五大部分，但其中每个部分根据设计想法的不同会有所增减，可以根据具体设计的不同进行表现。目录的版式设计可以是如前面案例一样的纯文字的形式，也可以是图文结合的形式。

图6-77　目录

在设计开始之初会先构思收集相关设计素材，作为灵感展开设计，本案例就是从河流、山川、地形中进行元素提取，简化设计元素，从抽象到具象地运用到设计元素演变中，在设计中体现设计者的独创思维，运用设计软件制作具体设计，如图6-78所示。景观设计元素种类丰富、形式多样，将入口、广场、休闲节点、廊亭、水景、儿童活动区等具体的景观设计节点与设计元素相融合，在设计中具体表现，如图6-79所示。

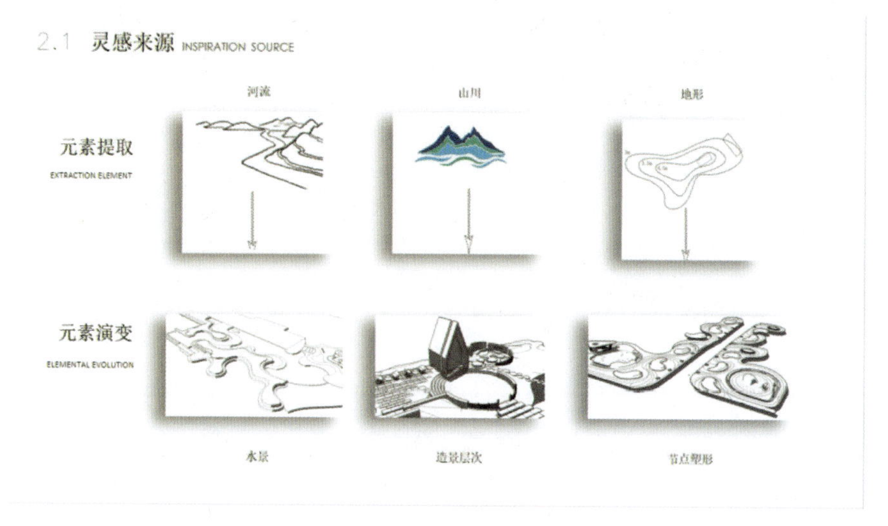

图6-78　灵感来源

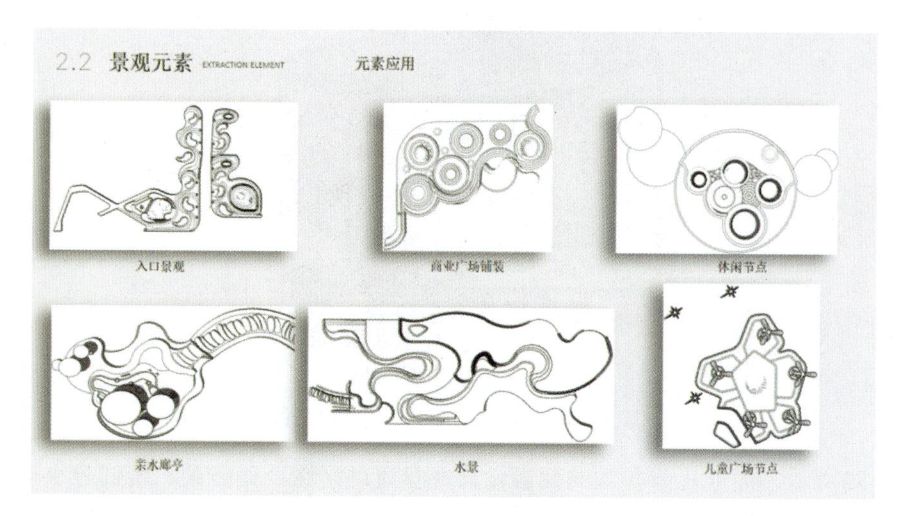

图6-79　景观元素

如图6-80所示，左边为居住区景观设计整体轴测分析，可以直观地展现道路、绿地、建筑在居住区中的关系，一层层剖析展示，也是方案设计中比较常见的设计手法。

在方案展示阶段针对具体分区展开设计细节展示，可以将分区平面图去色处理，将平面中具体区域圈出来，标注文字并说明其功能，如图6-81所示的游戏中心和休憩区域，游戏中心主要是为儿童提供游玩游乐设施，休憩区域为儿童和看护家长提供休憩功能。

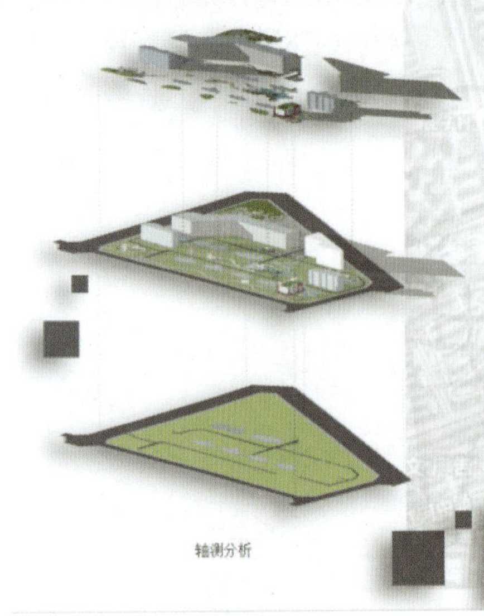

图6-80 设计说明

图6-81 分区平面图——儿童娱乐区

如图6-82所示，根据儿童喜欢的元素设计儿童活动区域，如云朵、蜜蜂等小动物形态，花朵形态，符合小朋友喜欢的基本元素。如图6-83所示，效果图中可以看到在儿童活动区域设置了沙坑，是根据儿童喜欢玩的游乐设施进行针对性的设计。

整体设计完成后可以将前期调研、设计分析、总体设计、专项设计全部排版设计到一张A0的展板之中，如图6-84所示。

所设计居住区景观人文分析可根据其地域文化中的城市文化体现，如重庆被称为“雾都”，分析如图6-85所示。重庆的历史文化主要有巴渝文化、码头文化、立体山居，在设计中可以根据地域文化将其合理融入设计中，以体现设计的独创性，如图6-86所示。

图6-82 儿童娱乐区鸟瞰图

图6-83 儿童娱乐区效果图

如图6-87所示，在设计分析时还可以加入空间分析，分析其入口宽度及内部高差，用图示的方式更直观地展示。设计中的问题以及如何解决问题、如何设计视线屏障使空间更有主次。在居住区的24小时人们可以有哪些行为方式等，用单纯的文字表述难免读不进去，但是转换成分析图进行表述，更加清晰直观，可提高阅读性，在小区中自己可以做什么、家人可以做什么、每个时间段不同的行为模式，如图6-88所示。

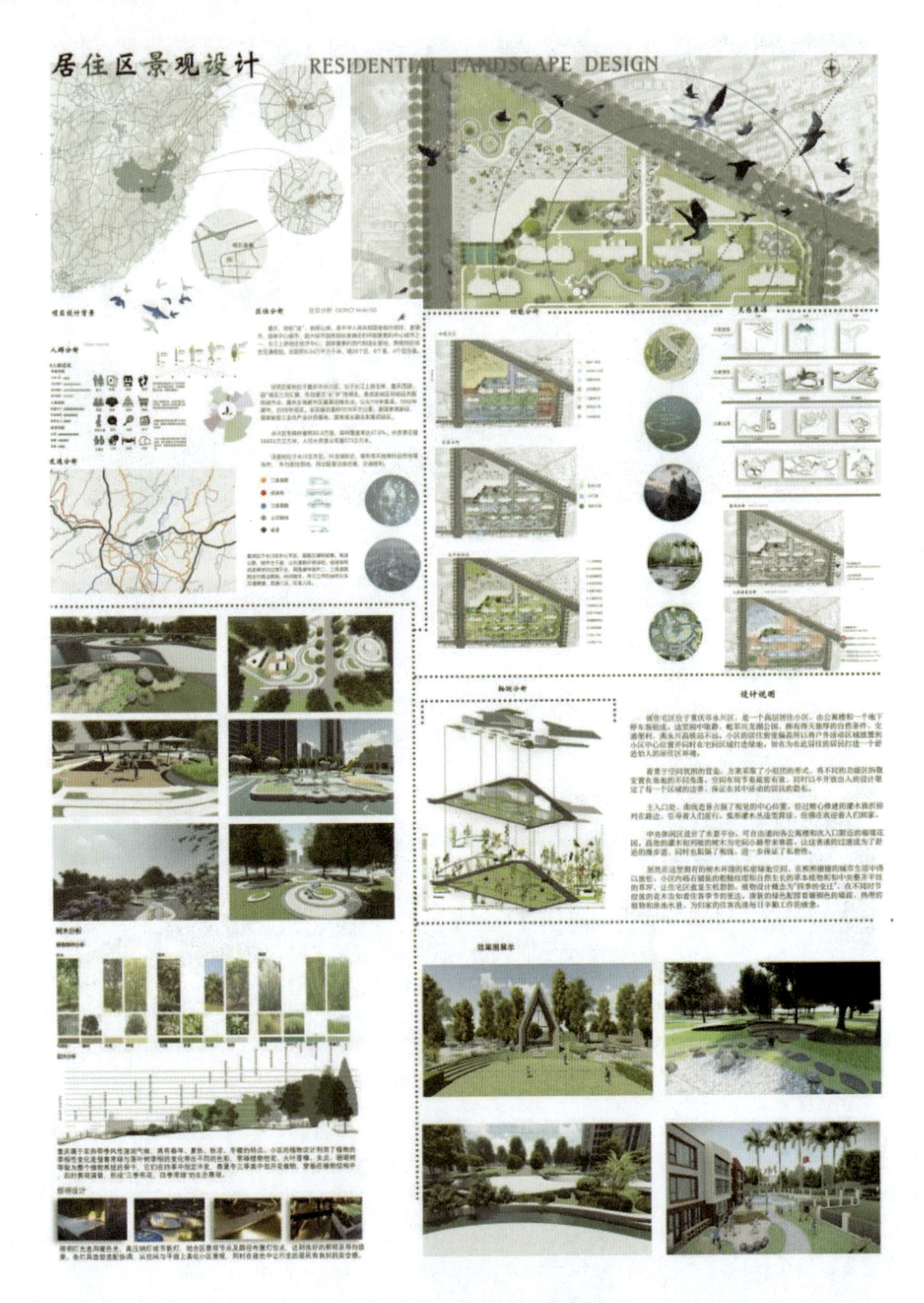

图6-84 居住区景观设计展板

PROJECT OVERVIEW 项目概况/城市概况

重庆简称"渝"或"巴"，位于中国西南部，长江上游地区；重庆依山而构，临江而筑，市内坡峭路陡，楼房重叠错落，山和城融为一体，故曰"山城"；重庆在地形和气候双重作用下，多雾，年平均雾日是 104 天，素有"雾重庆""雾都"之称；重庆已建和在建桥梁统计已达 1.3 万余座，其数量在全国城市中列居首位，又有桥都之称

图6-85 重庆城市分析

PROJECT OVERVIEW 项目概况/城市文化

巴渝文化

起源于巴文化，是长江上游最富有鲜明个性的民族文化之一；
巴渝文化代表：渝派川菜（渝菜）、龙门阵、重庆方言（渝语）、陪都文化、川剧、袍哥文化、重庆码头文化、川江号子、蜀绣等。

码头文化

重庆有长江、嘉陵江两江交汇，水域通达，水深浪平，是天然港口；有港口就有码头，船来人往，成群结队的搬运夫肩挑背扛，喊着响亮的川江号子，这座城市孕育的独特码头文化久而久之便闻名起来。

立体山居

重庆市区在中梁山和铜锣山之间，嘉陵江和长江流经的河谷、台地、丘陵地带；重庆依山而构，临江而筑，市内坡峭路陡，楼房重叠错落，山和城融为一体，是我国最大、最著名的山城。

图6-86 重庆文化分析

PROJECT OVERVIEW 项目概况/空间分析

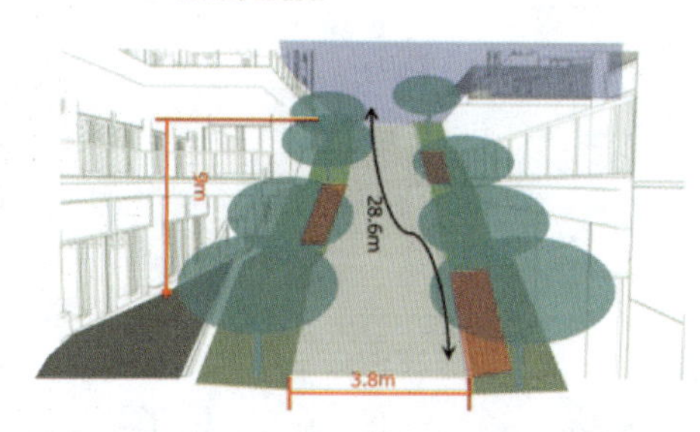

The width of the entrance space is 3.8 meters, and there is a height difference of 9meters, its depth is 28.6 meters, in order to meet the park people can be reasonable access to the park and give a better landscape experience, it is necessary to set up a lift here; The entrance width is narrow, so some green plants will be cut to widen the width of the steps, creating a "cut through" entrance experience of the park's interior landscape.

入口空间的宽度为 3.8米，与内部存在 9米的高差，其进深为 28.6米，为了既满足园区人们能够合理入园又给人较好 的景观体验，有必要在此处设置直升电梯；入口宽度较窄，因此将删减部分绿植用于拓宽台阶通行宽度，打造出园区内部景观"辟 径而出"的入口体验。

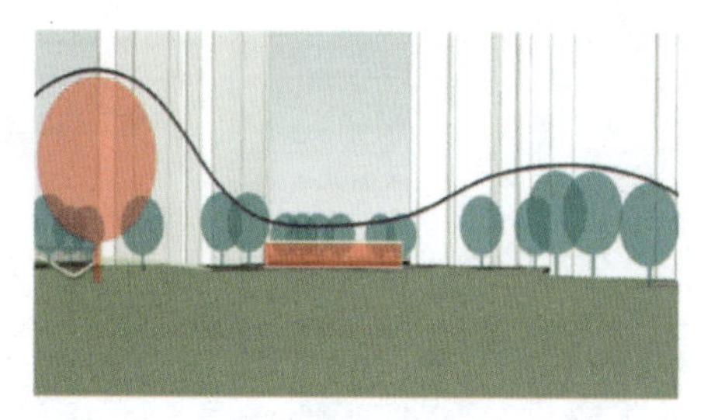

The view here is wide, and to prevent the discomfort of the space between the towers, we use topography and plants to block our view.The setting of characteristic landscape point makes the space more abundant.

进入园区后的视野开阔起来，中间区域为开阔的绿地，但楼宇间的空隙会消极地引导人们的视线，为了规避这种感觉而 把视线引入园内，我们设置了视线屏障进行恰当的视线阻隔同时特色景观点会让空间更有主次。

图6-87 空间分析

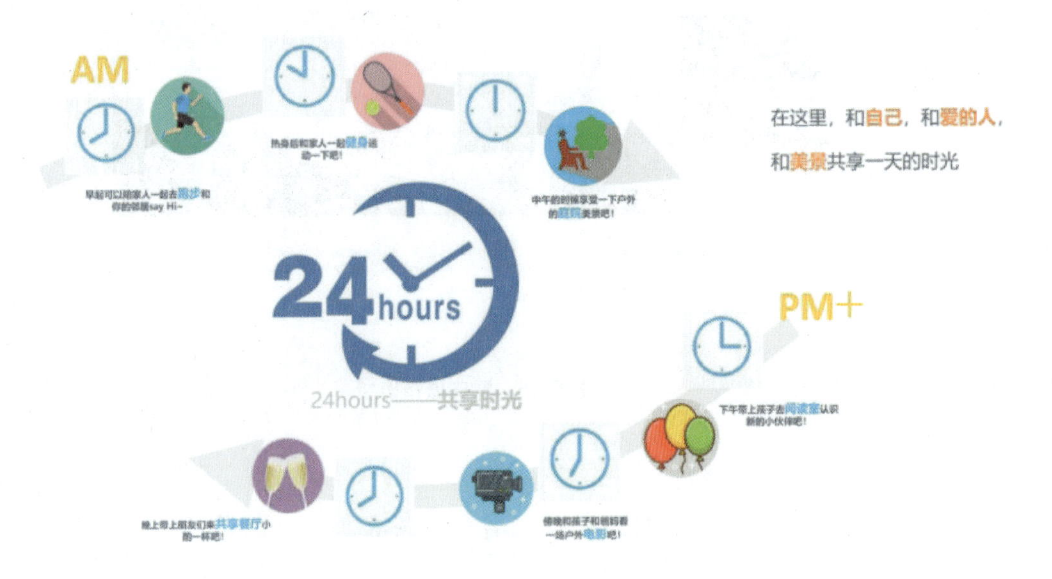

图6-88　主题解读

如图6-89所示，在设计红线范围内进行平面设计，其中左下角加入了经济技术指标，确定了红线范围、建筑面积、硬景面积、软景面积，在平面图中还应加入指北针或风向玫瑰图。如图6-90所示，在彩色平面图中加入图例，具体说明每个区域的功能名称，便于识图。

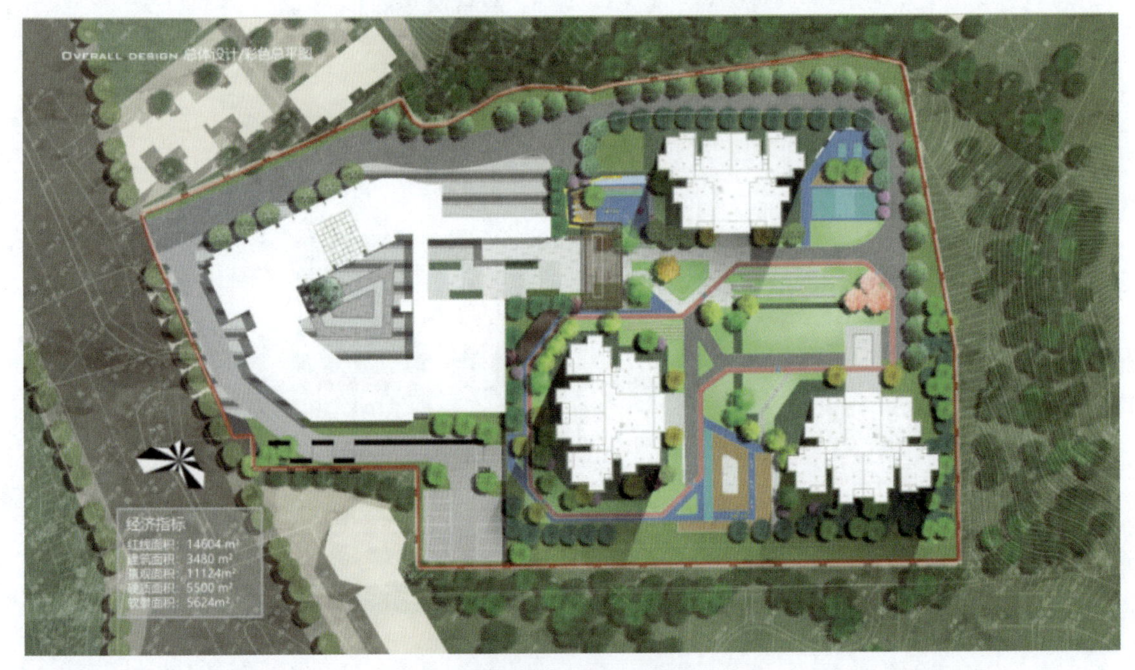

图6-89　彩色总平面图1

图6-90　彩色总平面图2

根据设计的平面图纸进行设计的具体分析讲解，景观结构分析的表现方式有很多种。图6-91所示是一种将图片去色(黑白)处理，将其中主要景观节点用圆形虚线圈出来加以文字说明，阐述设计细节。景观地块通常会存在高差设计，需要在一张图纸中标明竖向标高，体现景观设计的层次及地形变化，如图6-92所示。

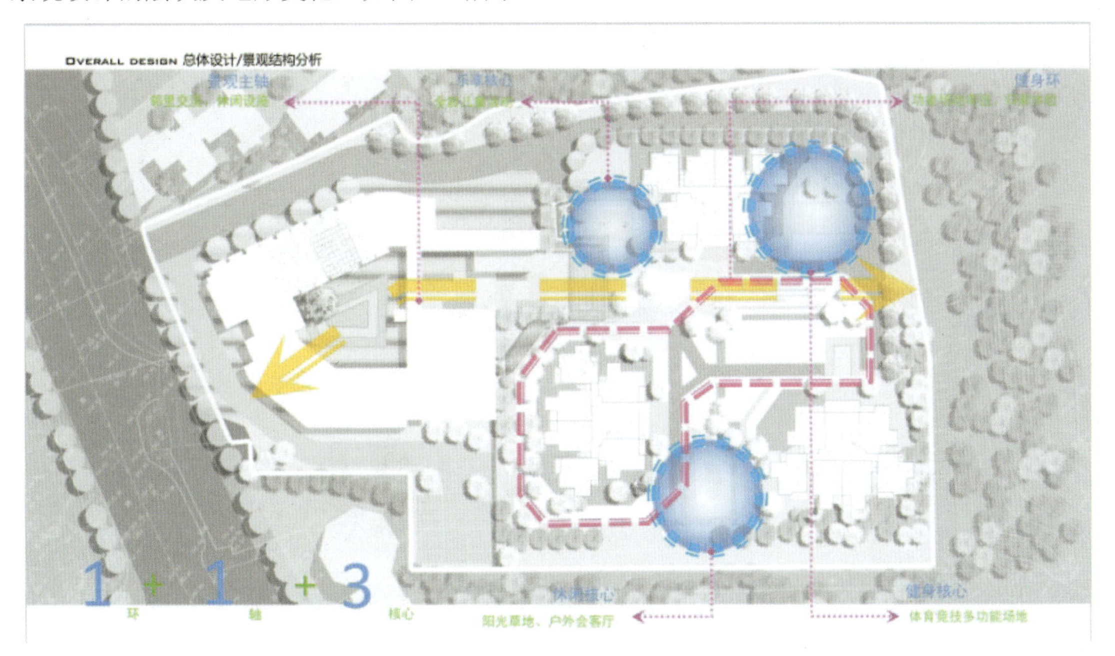

图6-91　景观结构分析

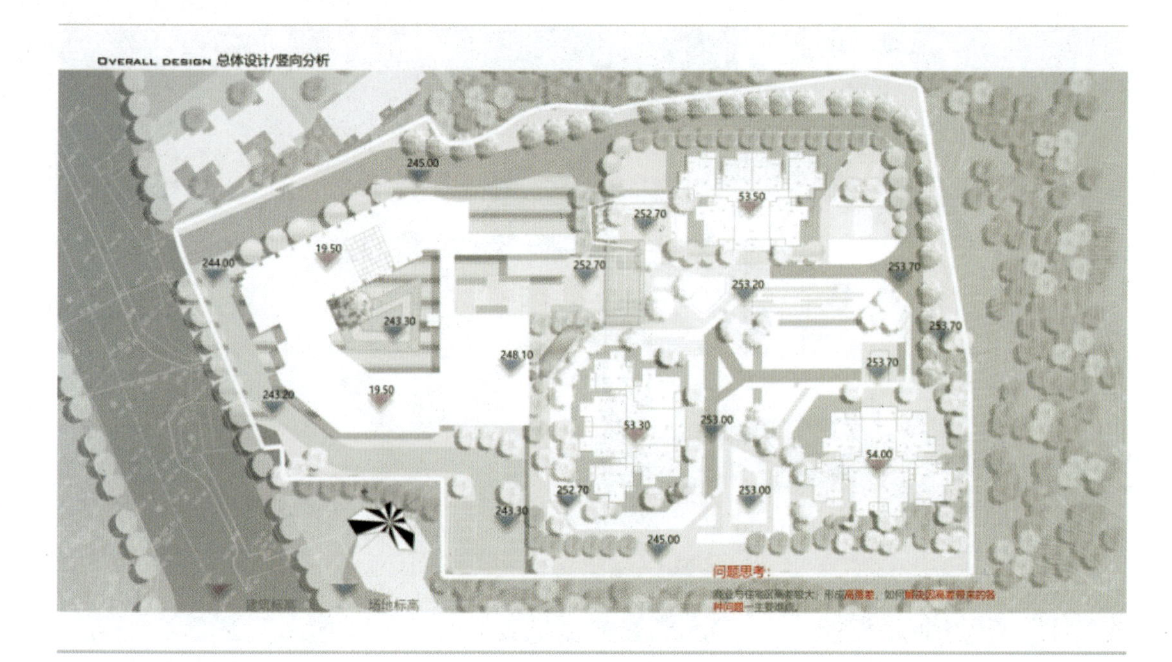

图6-92　竖向分析

如图6-93所示，功能分析图纸整体选用黑白，局部用彩色实景图纸放置在不同功能区域，便于理解。如图6-94所示，分区设计也可将对应的效果图与局部平面图放置在一起，平面图中的地面铺装、树种、设计细节需要体现出来，制作时还需要注意建筑投影和植物等投影的朝向一致。

图6-93　功能分析

图6-94 分区设计

人群组成分析可以用实际的人物照片，也可以采用树状、爆炸等设计形式，如图6-95所示，用轻松的漫画形式进行人群分析。根据人群分析，针对不同人群进行人群需求分析，满足聚集、避雨、遮阴、游玩、散步等不同年龄、不同爱好需求，以立面图的形式进行设计展示，将人物所在空间环境的行为直接展示，便于理解，如图6-96所示。

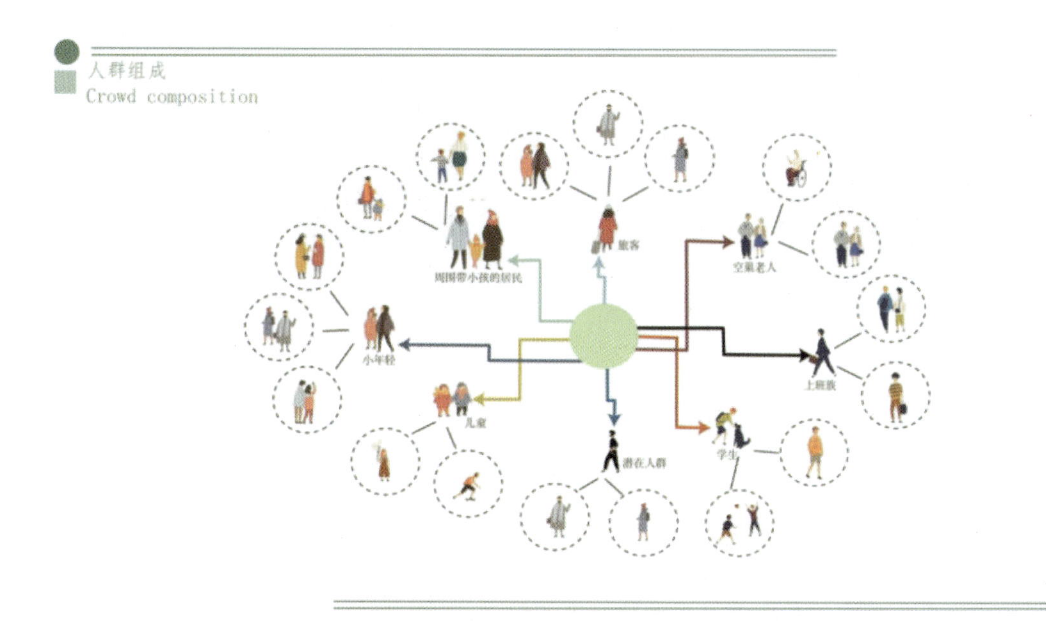

图6-95 人群组成

图6-96　人群需求分析

如图6-97～图6-99所示，节点分析除了用平面的展示方式外，还可以制作成轴测图进行展示，将空间立体化。

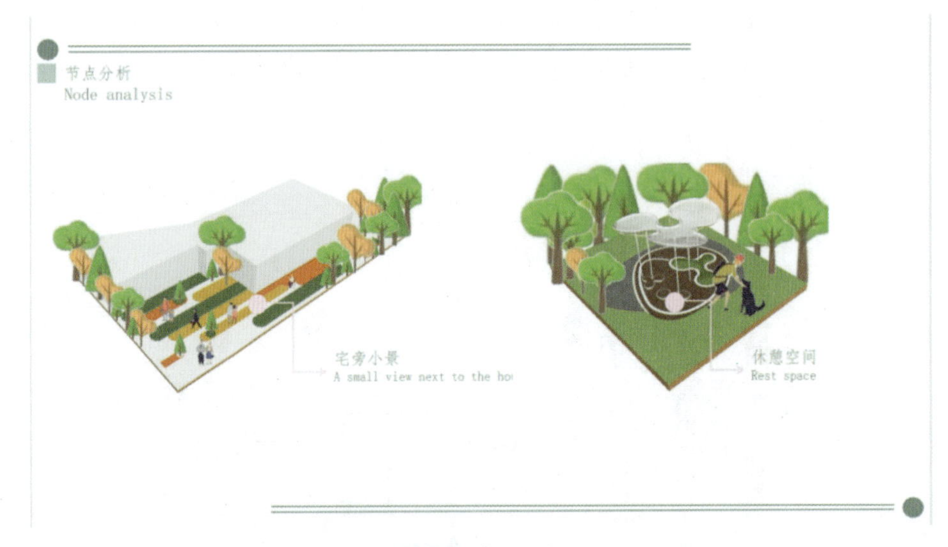

图6-97　节点分析1

植物配置可以直接使用植物照片进行说明，也可将剖透视图与植物配置相结合，采用图片加阴线模式，如图6-100所示。整体设计完成后可制作景观设计展板，如图6-101所示。

在公司通常会将景观设计方案以文本形式进行展示，但在学校通常还会要求学生制作A0展板，便于他们对自己设计方案的整体梳理和表达，展板中包含设计说明、设计构思、设计平面图、效果图，根据设计风格、颜色的不同会呈现不同的设计效果，如图6-102～图6-104。

图6-98 节点分析2

图6-99 节点分析3

图6-100 植物分析

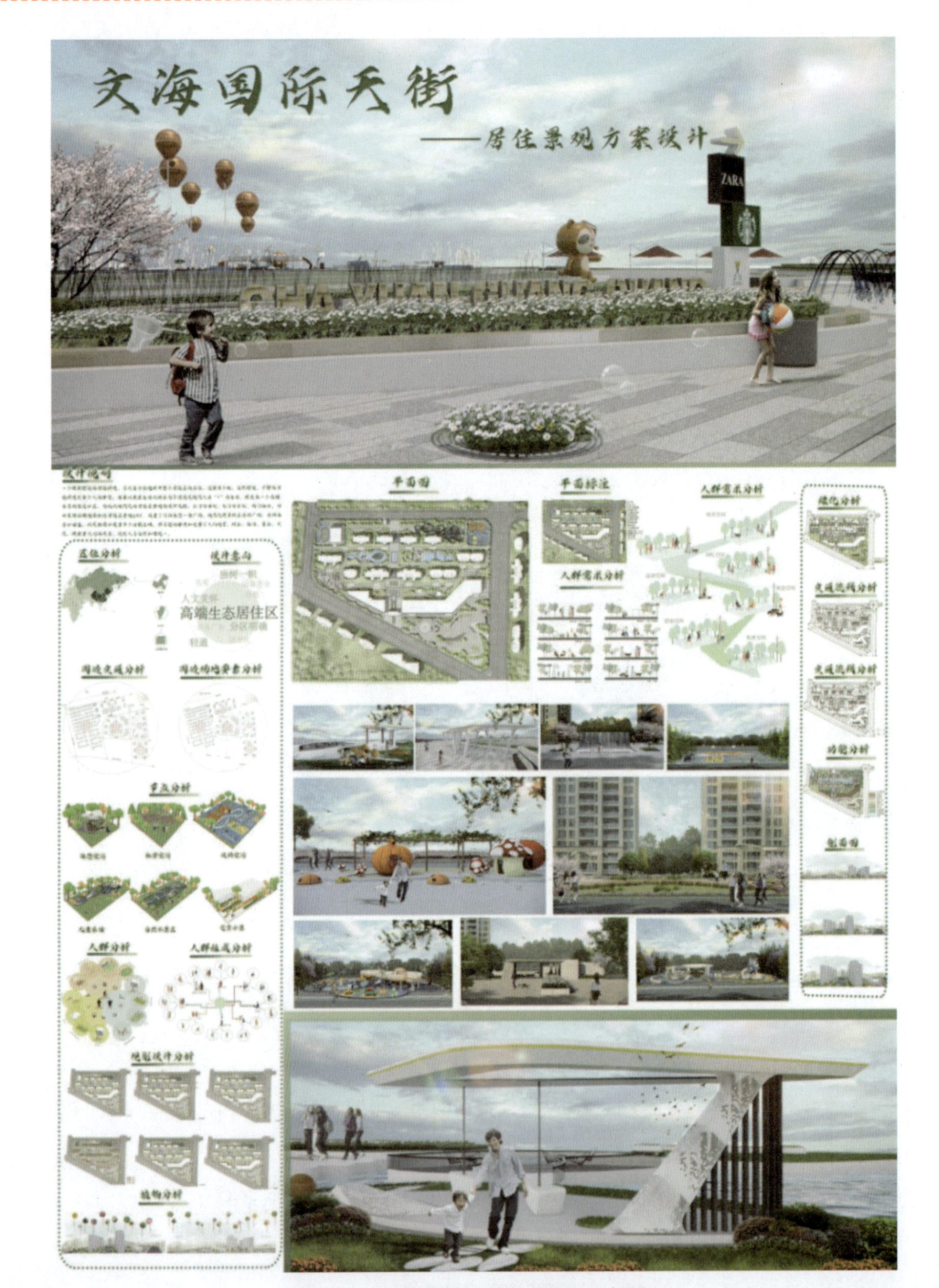

图6-101　文海国际天街居住区景观设计展板

图6-102 云著湖居居住区景观设计展板

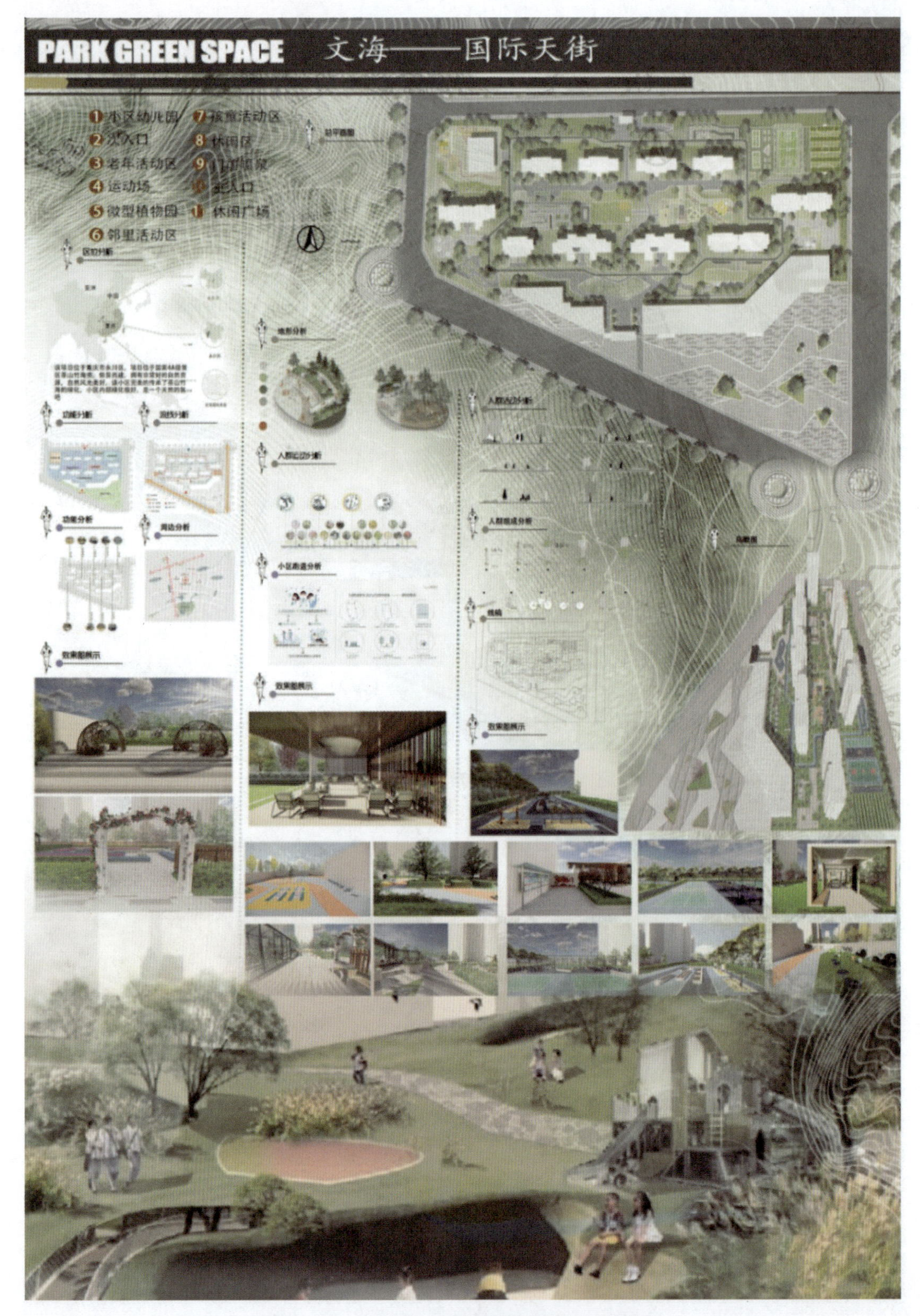

图6-103　文海国际天街居住区景观设计展板

图6-104 怀山远府居住区景观设计展板

参考文献

[1] 王建国. 城市设计[M]. 南京：东南大学出版社，1999.

[2] 王建国. 现代城市设计理论与方法[M]. 南京：东南大学出版社，1999.

[3] 王建国，董卫. 可持续发展的城市与建筑设计[M]. 南京：东南大学出版社，1999.

[4] 王向荣，林菁. 西方现代景观设计的理论和实践[M]. 北京：中国建筑工业出版社，2002.

[5] 齐康. 城市环境规划设计与方法[M]. 北京：中国建筑工业出版社，1997.

[6] 邵磊. 社会转型与中国城市居住形态的变迁[J]. 时代建筑，2004(5).

[7] 白德懋. 居住区的规划与环境设计[M]. 北京：中国建筑工业出版社，1991.

[8] 李敏. 城市绿地系统与人居环境规划[M]. 北京：中国建筑工业出版社，2001.

[9] 李德华. 城市规划原理[M]. 北京：中国建筑工业出版社，2001.

[10] 吴良镛. 人类环境科学导论[M]. 北京：中国建筑工业出版社，2001.

[11] 姚时章，王汪萍. 城市居住外环境设计[M]. 重庆：重庆大学出版社，2000.

[12] 西蒙兹. 景观设计学[M]. 俞孔坚，等，译. 北京：中国建筑工业出版社，2000.

[13] 芦原义信. 外部空间设计[M]. 尹培桐，译. 北京：中国建筑工业出版社，1985.

[14] 中华人民共和国住房和城乡建设部. 城市居住区规划设计规范：GB 50180-93[S]. 北京：中国建筑工业出版社，2016.

[15] 中华人民共和国住房和城乡建设部. 城市绿地分类标准CJJ/T85-2017[S]. 北京：中国建筑工业出版社，2017.

[16] 建设部住宅产业化促进中心. 居住区环境景观设计导则[M]. 北京：中国建筑工业出版社，2006.